U0935474

BIODIVERSITY IN LAKE MESOCOSMS

湖泊中宇宙研究系统中的微小生物多样性

王红霞　龚迎春　张　敏　徐　军　主编

中国环境出版集团 · 北京

图书在版编目 (CIP) 数据

湖泊中宇宙研究系统中的微小生物多样性 / 王红霞等主编 .-- 北京 : 中国环境出版集团，2022.12
ISBN 978-7-5111-5374-6

Ⅰ . ①湖… Ⅱ . ①王… Ⅲ . ①湖泊—微生物—生物多样性—研究 Ⅳ . ① Q939

中国版本图书馆 CIP 数据核字 (2022) 第 243901 号

出 版 人　武德凯
责任编辑　田　怡
封面设计　北京光大印艺文化发展有限公司

出版发行　中国环境出版集团
（100062 北京市东城区广渠门内大街 16 号）
网　　址：http://www.cesp.com.cn
电子邮箱：bjgl@cesp.com.cn
联系电话：010-67112765（编辑管理部）
010-67112736
发行热线：010-67125803，010-67113405（传真）
印　　刷　玖龙（天津）印刷有限公司
经　　销　各地新华书店
版　　次　2022 年 12 月第 1 版
印　　次　2022 年 12 月第 1 次印刷
开　　本　787 × 1092　1/16
印　　张　14.5
字　　数　241 千字
定　　价　120.00 元

湖泊中宇宙研究系统中的微小生物多样性

主　　编：

王红霞　龚迎春　张　敏　徐　军

编写人员：

浮游植物部分

王红霞（主编）　王　岚　孔祥虹　缪荣丽

浮游动物部分

龚迎春（主编）　张瀚文　王雨路　袁国庆

底栖动物部分

张培育（主编）　冯明军　孔祥虹　程好武

前言

浮游生物是水生态系统中的重要组成部分，包括浮游植物和浮游动物。浮游植物作为水生态系统中的初级生产者，在生物地球化学循环和各生命过程中发挥着重要作用，是湖泊生态系统的物质传递和能量流动的重要环节。同时浮游植物具有个体小、生命周期短、数量多、新陈代谢快等特点，对环境变化响应迅速，并体现在自身群落的组成变化中，因此常作为水生态系统、湖泊营养状态以及水质环境条件等生物指示因子。浮游动物处于食物链的中端，是连接初级生产者和次级生产者的桥梁，摄食范围广泛，它们主要以浮游植物为食，也摄食碎屑和细菌，同时它们本身又是鱼类和其他无脊椎动物的天然饵料，是水体中物质循环和能量流动的重要环节。此外，某些指示性种类还可以用来监测水体受污染的程度。因此通过对浅水湖泊系统中的浮游生物进行观察和监测，可直接反映出水体系统内浮游生物群落结构组成以及系统的稳定健康状况。底栖动物是指生活史的全部或大部分时间都生活于水体底部的水生动物类群。淡水物种一般分为寡毛纲、多毛纲、甲壳纲、蛭纲、软体动物、水生昆虫等几个类群。大部分底栖动物处于水生态系统食物网的中间层次，对维持生态系统稳定有重要作用，具有联系初级生产者和分解者与捕食者（如鱼类）的功能，在湖泊食物网、物质循环和能量流动中发挥重要作用。此外，底栖动物生活在水体的底层，可以反映湖泊底质的健康状况，由于其活动能力较弱，生命周期长，可以反映长时间尺度范围内的环境变化，从而反映湖泊的健康状况。

气候变化被认为是当前严重威胁全球生态系统的因素之一，其中气候变暖的影响尤为突出，成为各国关注的焦点。很多研究已证实气候变暖对湖泊生态系统的物理化学特性以及系统内生物群落的结构和功能等产生了巨大的影响。此外，由于人类的活动和工农业的迅猛发展带来的水体富营养化对湖泊生态系统产生重要影响。为了研究亚热带地区浅水湖泊在气候变暖和富营养化胁迫下生态系统的响应特征，在华中农业大学水产养殖基地构建了围隔系统（中宇宙系统），人工模拟亚热带浅水湖泊在升温、富营养化以及添加杀虫剂等各自单独处理和双重甚至三重处理条件下的未来情景。围隔系统是在一块面积 10 m × 20 m 的空地上建立了 48 个直径 1.5 m、高 1.5 m 的缸，缸所用材质为聚乙烯材料。48 个缸分成 8 个处理组，每个组 6 个平行。所有缸底部覆盖 10 cm 厚经充分混合均匀的湖泊沉积物，然后系统注满水深 1.5 m。所用注水在注入系统前经过一个 20 μm 的浮游生物网，除去大型的植被碎片，并防止引进浮游动物、无脊椎动物或脊椎动物等。升温处理组用 600 W 的水族馆加热器加热，所有处理组的水温用计算机控制，通过精准的温度传感器每 10 s 记录一次。控温系统会根据对照组每次测量的平均温度来调控加热组的水温。在整个实验期间，所有处理组都用水族箱使用的水泵缓慢地循环水体，避免分层，并且围隔内蒸发损失的水分当没有雨水补充时，会使用自来水补充。

该中宇宙围隔研究系统于 2013 年建成，从调试完成开始运行，已经运行了近 10 年。实验过程中，常规采集样品的频次为浮游动物、浮游植物每两周采集一次，底栖动物为每个月或每两个月采集一次。该系统已经通过研究气候变化等对浮游植物、浮游动物、水生植物及生态系统的影响，在权威同行评议期刊上发表了多篇学术论文，包括 *Global Change Biology*、*Journal of Applied Ecology*、*Environment International*、*Frontiersin Plant Science*、*Water* 等。本次图集采集的样品主要是基于 2021 年 11 月从中宇宙系统中采集的样品，通过分析、鉴定、拍照、装订成图集。浮游植物通过利用 25 号浮游生物网进行拖曳收集，置于 50 mL 样品采集瓶中，然后在显微镜下鉴定；大型浮游动物通过采集 10 L 混合水样，通过 64 μm 浮游生物网收集，在显微镜下鉴定；底栖动物采用一套特制的底栖动物收集装置放置在系统内，定期取出，过底栖动物筛网，清洗、挑拣，用 75% 的乙醇固定，随后在显微镜下鉴定。

在本书编写过程中，中国科学院水生生物研究所水生生物数据分析管理平台副主任、高级实验师冯伟松，中国科学院淡水藻种库高级实验师张琪和高级实验师郑凌凌，藻类分类与资源利用课题组特别研究助理刘本文博士，分别在浮游动物和浮游植物的分类鉴定上给予了帮助，谨此致谢。

由于编者水平和学识有限，书中的疏漏和错误在所难免，真诚欢迎读者对本书提出批评和建议。

编者

2022 年 4 月

目录

浮游植物简介

浮游动物简介

底栖动物简介

浮游植物简介

浮游植物（phytoplankton）种类繁多，分布广泛，可存在于不同地理区域、不同类型的水生态环境，生活方式和生态习性各有不同。它们是水生生态系统的主要初级生产者并在其中扮演着极其重要的角色，可将氮、磷等元素通过自身吸收、光合作用等合成有机物，通过食物链传递给下一营养级，因此是水生态系统食物链中最基础、最重要的一环。

浮游植物具有个体小、生长快、对环境变化响应敏感等特点，其在水生态系统中受到众多环境因素的共同影响，其中主要包括生物因子（如捕食、竞争、寄生等）和非生物因子（如光照、温度、营养盐、溶解氧、pH 等物理化学因素）。在众多环境因子的共同作用和相互影响下，浮游植物会迅速作出响应，进而影响整个水生态系统的动态平衡，因此浮游植物在一定程度上可以反映人类活动、气候变化等因素对生态系统的影响。由于浮游植物可以通过其高频率变化和短的细胞周期来适应周围环境的变化，因此对浮游植物群落演替和生物多样性变化的研究一直是其研究的重点，是开展水域生态研究的工作基础，也是揭示自然或人为因素对水体影响的重要手段。

对于浮游植物的分类系统，经过了漫长的演化，依据不同的理论形成了不同的分类系统。林氏分类法以浮游植物物种间进化关系、细胞色素体结构、光合作用色素种类和储存物质为依据，将浮游植物分为许多物种，隶属于不同的门与纲。本书采用传统的林氏分类法对位于所观察到的浮游植物多样性进行编排，按照蓝藻门、绿藻门、硅藻门、裸藻门、金藻门和黄藻门依次列出浮游植物种类。2021 年 11 月初冬时节对位于华中农业大学水产学院养殖基地的中宇宙系统内的 48 个池子进行了浮游植物样品的采集，对定性样品进行了显微观察和拍照，通过查阅分类书籍和文献共鉴定出浮游植物 7 门 33 科 54 属 91 种，其中蓝藻门 8 科 10 属 18 种，绿藻门 13 科 25 属 46 种，硅藻门 7 科 12 属 14 种，裸藻门 1 科 3 属 9 种，隐藻门 1 科 1 属 1 种，金藻门 2 科 2 属 2 种，黄藻门 1 科 1 属 1 种。

浮游植物特征描述

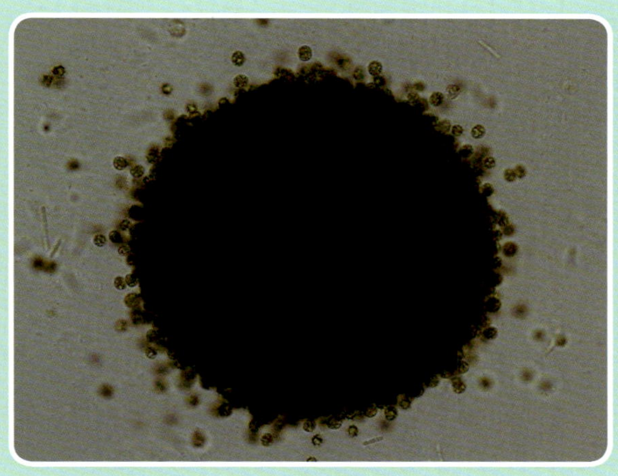

蓝藻门

1 微囊藻科 Microcystaceae
微囊藻属 *Microcystis* Kützing ex Lemmermann

①

中文名称　微囊藻

拉　丁　名　*Microcystis* sp. Kützing ex Lemmermann

生物学特征　由许多小群体联合组成；群体球形、椭圆形或不规则形，有时在群体上有穿孔；群体胶被常无色、透明；原生质体以蓝绿色为主。

生　　　境　常见于各种静止水体中。在本系统中该种类属于常见种类。

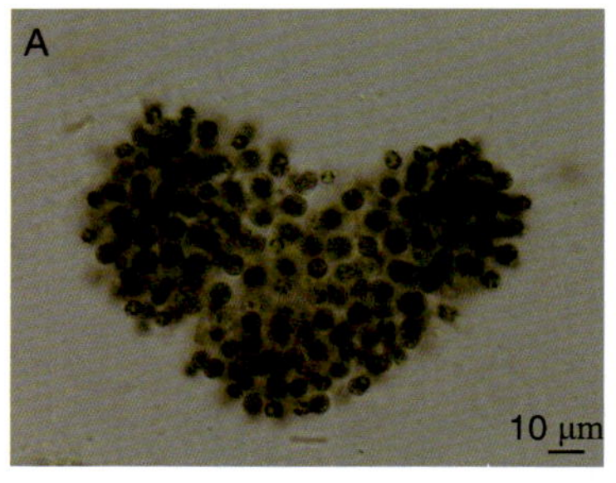

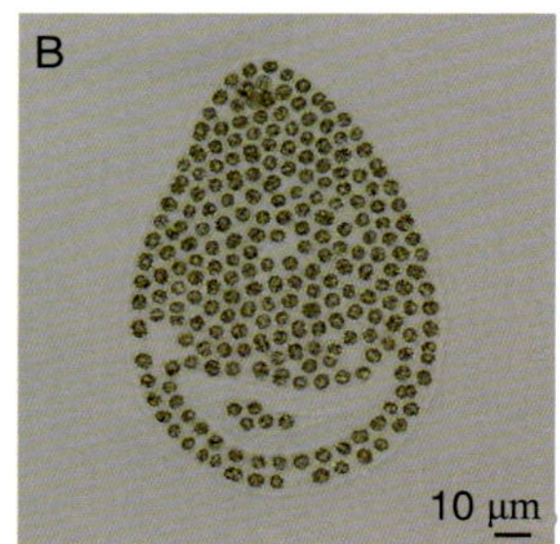

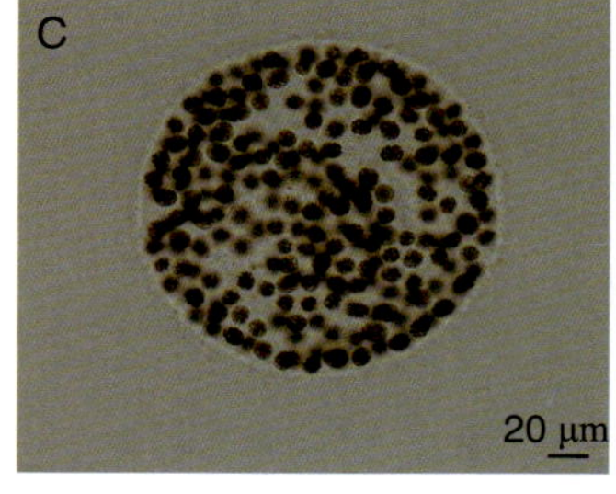

微囊藻显微照片
A、B、C、D：显示不同的微囊藻群体形态

②

中文名称 放射微囊藻

拉丁名 *Microcystis botrys* Kirchner

生物学特征 群体球形或近球形，自由漂浮。群体通过胶被连接，堆积成更大的球体或不规则的群体，不形成穿孔或树枝状。胶被无色或微黄绿色，明显但边界模糊。胶被不密贴细胞，胶被内细胞排列较紧密，呈放射状排列，外层有少数细胞独立且稍远离群体。细胞球形，直径3～6 μm 。

生境 常见于各种静止水体中。在本系统中该种类属于常见种。

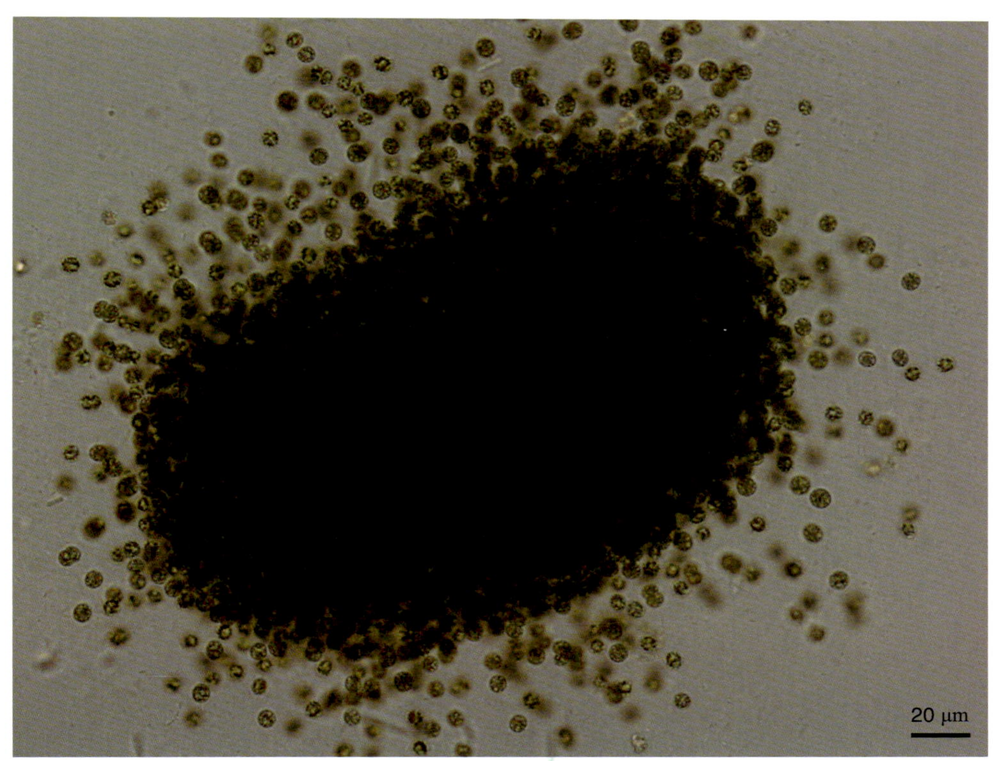

放射微囊藻显微照片

③

中文名称 水华微囊藻

拉　丁　名 *Microcystis flos-aquae* Kirchner

生物学特征 由许多群体集合而成；群体球形、椭圆形或不规则形，成熟群体不穿孔；群体胶被均匀但不十分明显；细胞形态为球形，直径 3~6 μm。

生　　　境 常见于各种静止水体中。在本系统中该种类属于常见种。

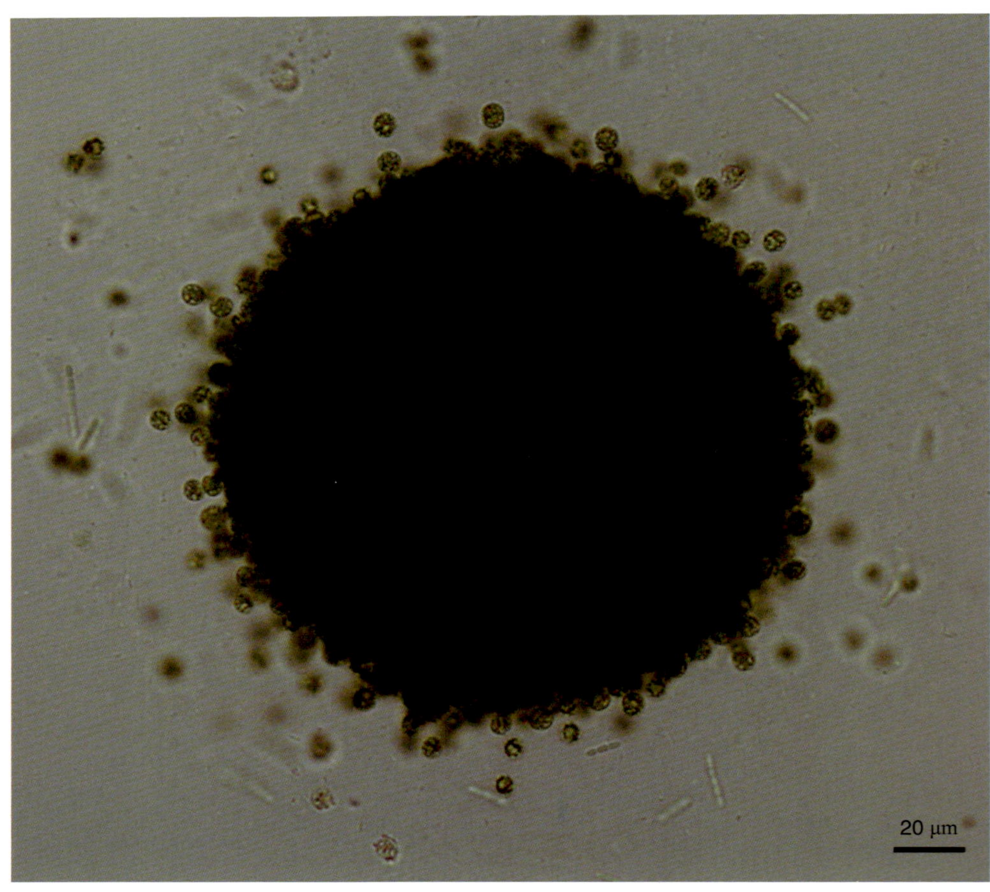

水华微囊藻显微照片

④

中文名称 惠氏微囊藻

拉 丁 名 *Microcystis wesenbergii* Komárek

生物学特征 群体形态变化多样，有球形、椭圆形、圆筒状或不规则形，常通过胶被串联成树枝状或网状，组成更大群体。群体胶被明显、边界明确、无色透亮。群体内细胞较少且细胞较少密集排列。细胞形态为球形或近球形，直径 4～7 μm。

生 境 常见于各种静止水体中。在本系统中该种类属于常见种。

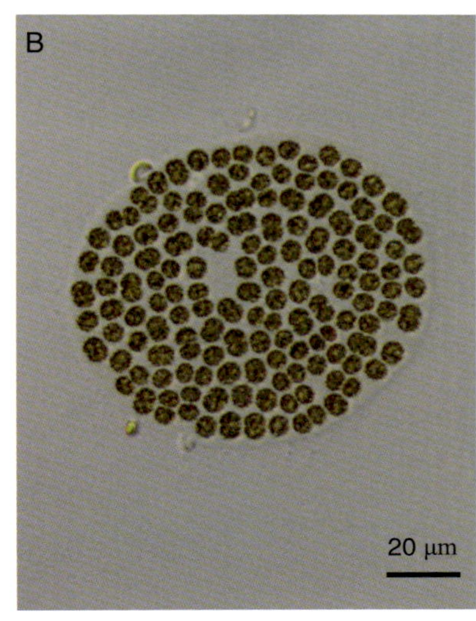

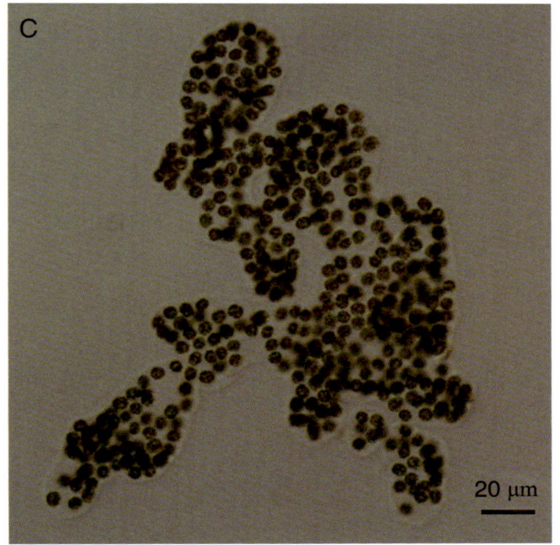

惠氏微囊藻显微照片
A、B、C：惠氏微囊藻不同的群体细胞形态

⑤

中文名称 铜绿微囊藻

拉　丁　名 *Microcystis aeruginosa* Kützing

生物学特征 群体团块较大，肉眼可见，且形态变化较大，幼时球形、椭圆形、中实。成熟后群体不断增长，易形成不规则形状，胶被常破裂或穿孔，群体形成似窗格的网状体。胶被质地均匀、无色、不明显；细胞球形，直径3～7 μm。

生　　境 常见于各种静止水体中。在本系统中该种类属于常见种。

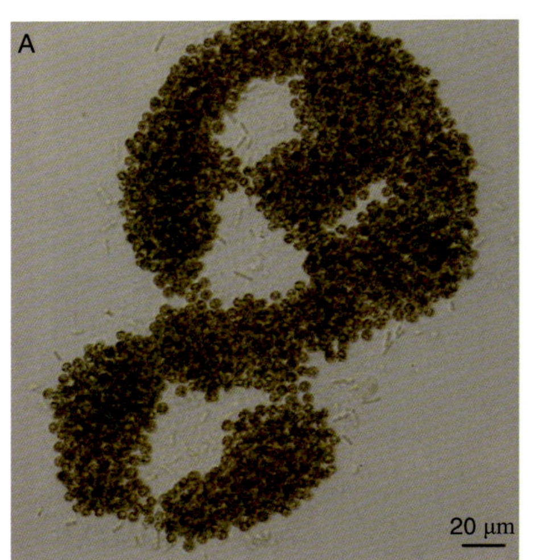

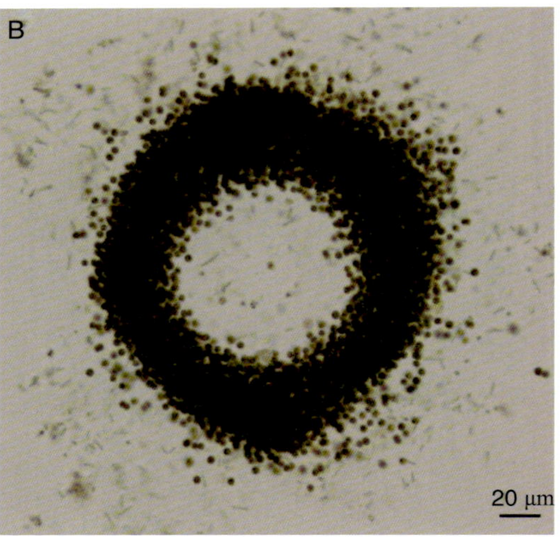

铜绿微囊藻显微照片
A、B：铜绿微囊藻不同的群体细胞形态

⑥

中文名称 鱼害微囊藻

拉 丁 名 *Microcystis ichthyoblabe* Kützing

生物学特征 群体蓝绿色或棕黄色，团块较小，不定形、海绵状，可形成肉眼可见的群体。胶被透明易溶解、不明显、无色、无折光。胶被与细胞群体边缘紧密连接。胶被内细胞排列不紧密，常聚集为多个小细胞群。细胞小，球形，直径2～4 μm。

生 境 常见于各种静止水体中。在本系统中该种类属于常见种。

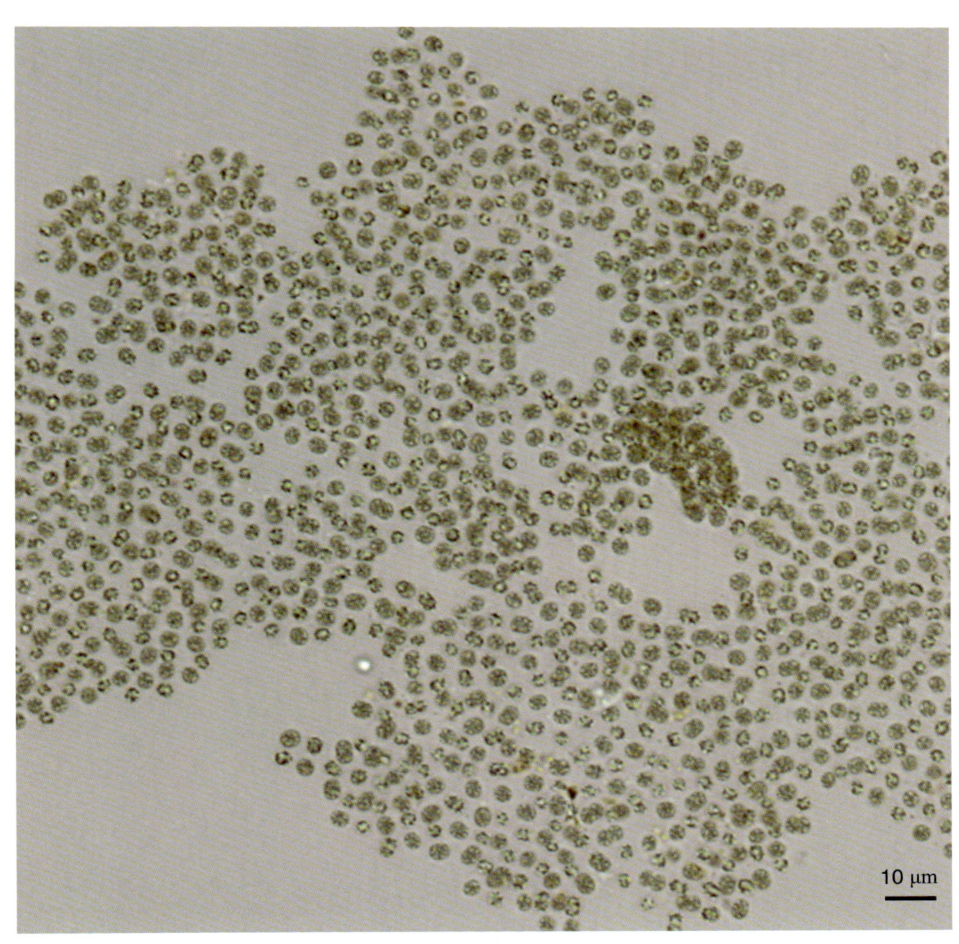

鱼害微囊藻群体显微照片

⑦

中文名称 挪氏微囊藻

拉 丁 名 *Microcystis novacekii* (Komárek) Compère

生物学特征 群体形态为球形或不规则球形，团块较小，直径一般在50~300 μm，群体之间通过胶被连接。一般为3~5个小群体连接成环状，但群体内不形成穿孔或树枝状。胶被均匀、无色或微黄绿色、明显但边界模糊。胶被内细胞排列不十分紧密，外层细胞呈放射状排列。细胞球形，直径约5 μm。

生 境 常见于各种静止水体中。在本系统中该种类属于常见种。

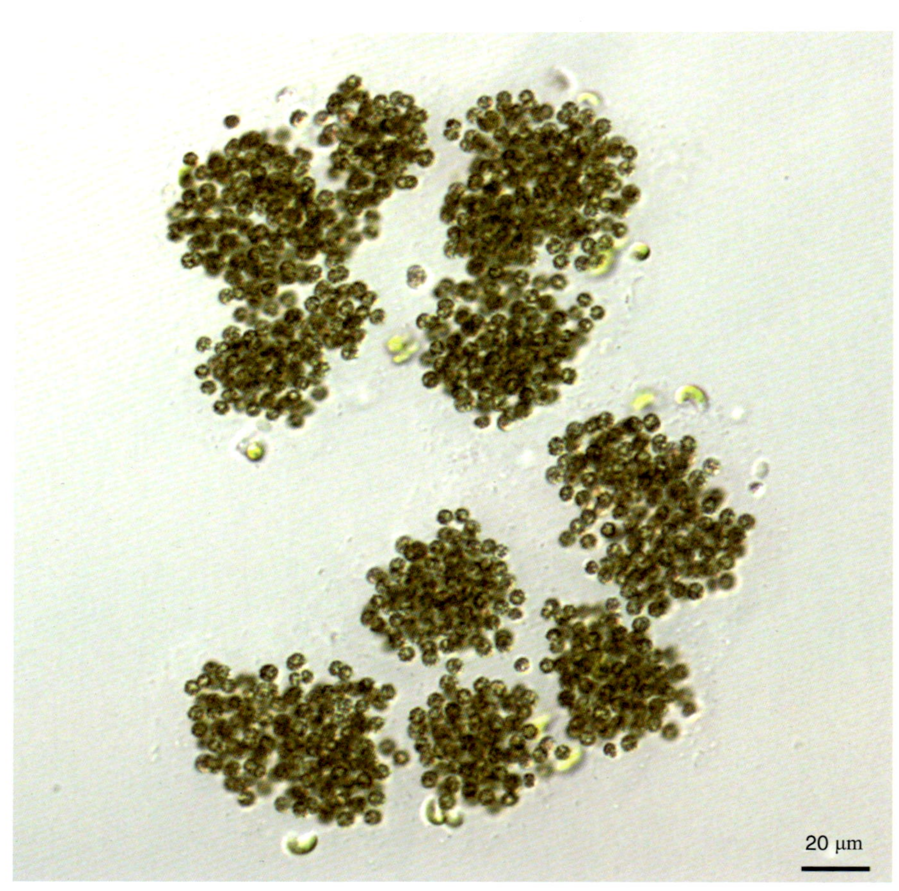

挪氏微囊藻显微照片

⑧

中文名称 假丝微囊藻

拉 丁 名 *Microcystis pseudofilamentosa* Crow

生物学特征 群体细长呈假丝状体，其大小差别较大。丝体每隔相当的距离有一收缢，使整个藻丝体成一串分节的串联体。群体胶被不明显；细胞球形，直径3～7.5μm。

生　　境 常见于各种静止水体中。在本系统中该种类属于常见种。

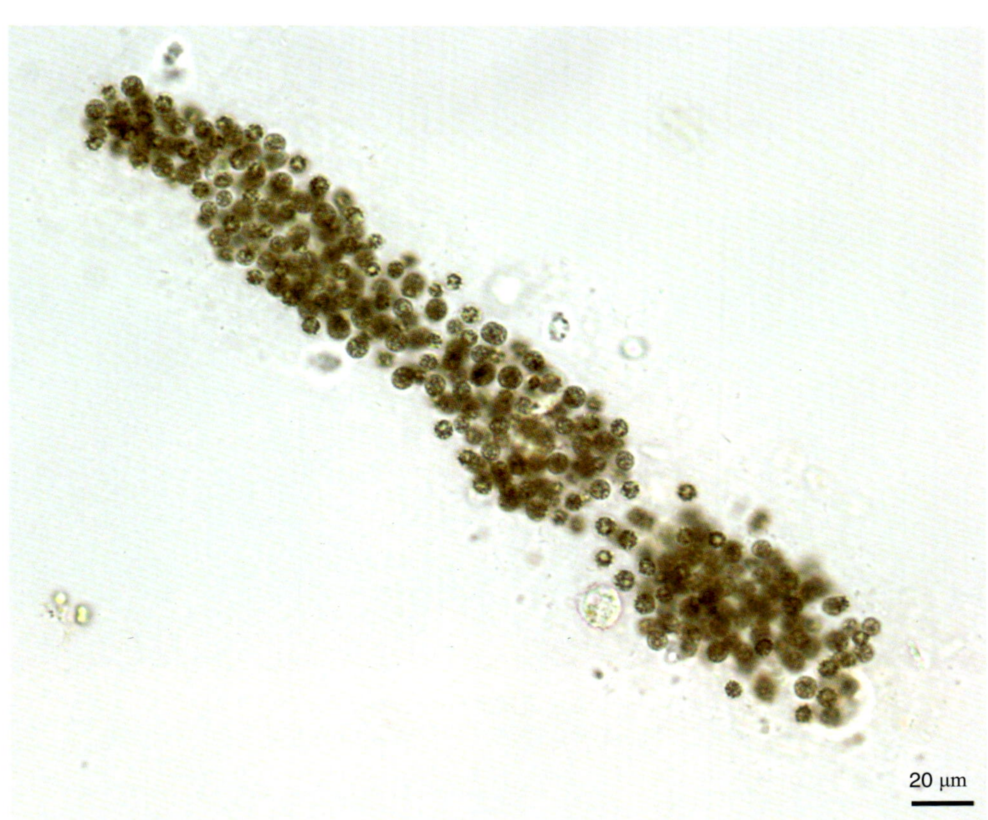

假丝微囊藻显微照片

2 聚球藻科 Synechococcaceae
棒胶藻属 *Rhabdogloea* Schröder

中文名称　棒胶藻

拉　丁　名　*Rhabdogloea* sp. Schröder

生物学特征　群体微小，漂浮；群体胶被不明显，无色；细胞细长，圆柱形，两端狭而长，或多或少作螺旋状绕转，S形，或不规则弯曲；原生质体均匀，蓝绿色。

生　　境　常见于静止水体中，浮游或混生于其他藻类中。在本系统中该种类出现在杀虫剂处理池（P1和P2）。

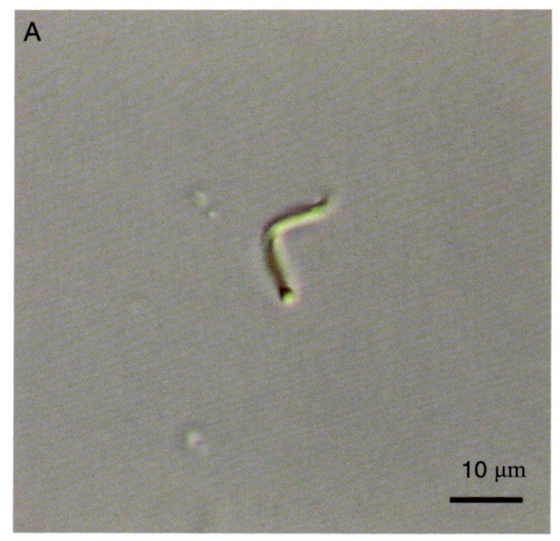

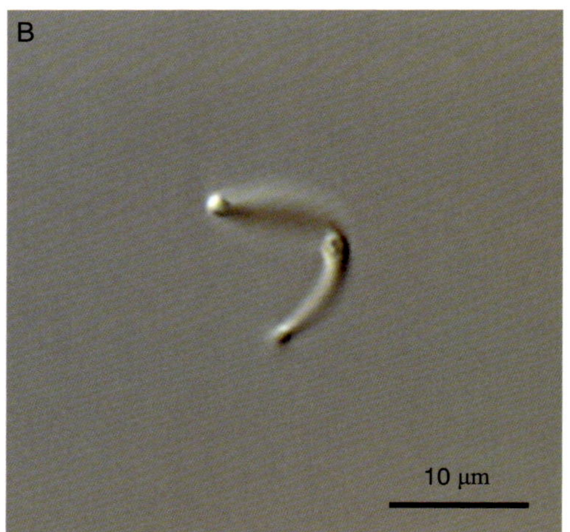

棒胶藻显微照片
A：显示细胞的整体形态；B：显示细胞的两端

3 平裂藻科 Merismopediaceae
平裂藻属 *Merismopedia* Meyen

中文名称 平裂藻

拉丁名 *Merismopedia* sp. Meyen

生物学特征 浮游性藻类，群体小，由一层细胞组成平板状；群体胶被无色、透明；群体中细胞排列整齐，通常两个细胞为一对，两对为一组，四个小组为一群；小群体细胞多为 32~64 个，原生质体均匀。

生境 常见于池塘、湖泊中。在本系统中该种类出现在杀虫剂以及富营养和杀虫剂双重处理池（P1、P2 和 EP5）。

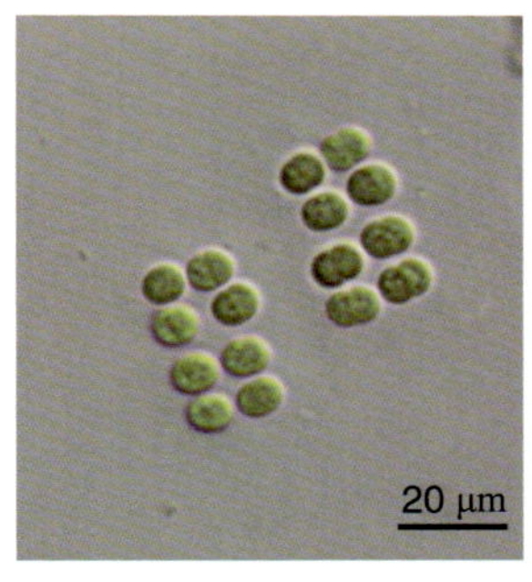

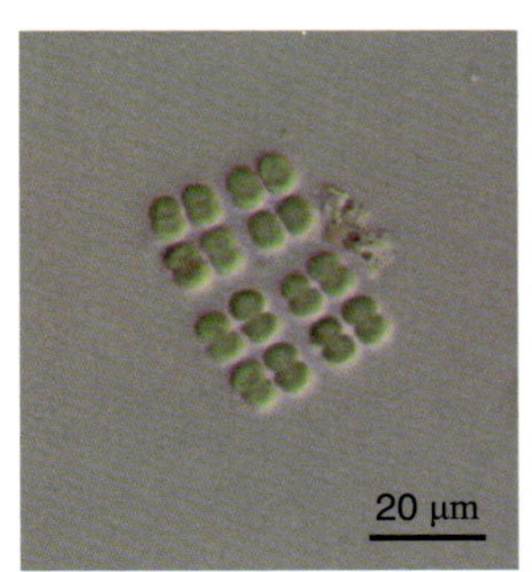

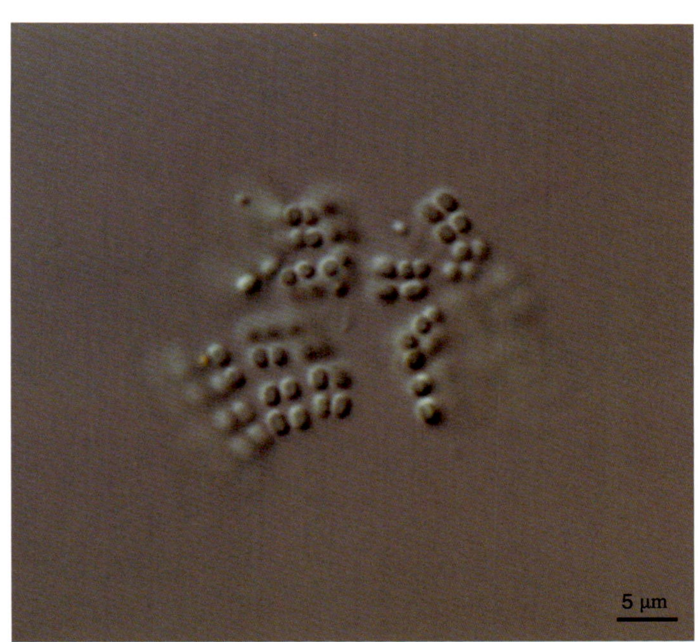

平裂藻显微照片

4 色球藻科 Chroococcaceae
色球藻属 *Chroococcus* Neli

中文名称 色球藻

拉 丁 名 *Chroococcus* sp. Neli

生物学特征 少数为单细胞，多数为2～6个以至更多细胞组成的群体；群体胶被较厚，均匀或分层，透明或黄褐色、紫蓝色等；细胞球形或半球形，细胞直径约12 μm，包括胶被约16 μm。

生 境 多见于静止水体中。在本系统中该种类在各处理组中均有分布。

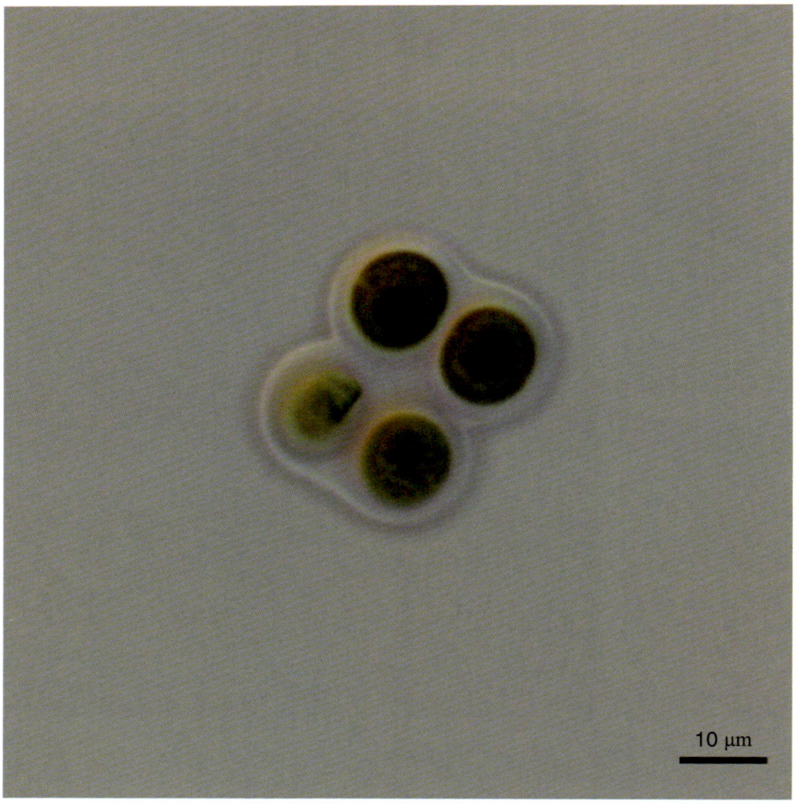

10 μm

色球藻显微照片

5 伪鱼腥藻科 Pseudanabaenaceae 伪鱼腥藻属 *Pseudanabaena* Lauterborn

中文名称 伪鱼腥藻

拉丁名 *Pseudanabaena* sp. Lauterborn

生物学特征 藻丝漂浮、多数直，不具胶鞘，收缢明显。细胞形态为圆柱形或椭圆形，均质、无伪空胞。细胞长约 5 μm，宽约 1 μm。

生境 常与微囊藻群体混生。在本系统中该种类出现在富营养和杀虫剂双重处理池（EP5）。

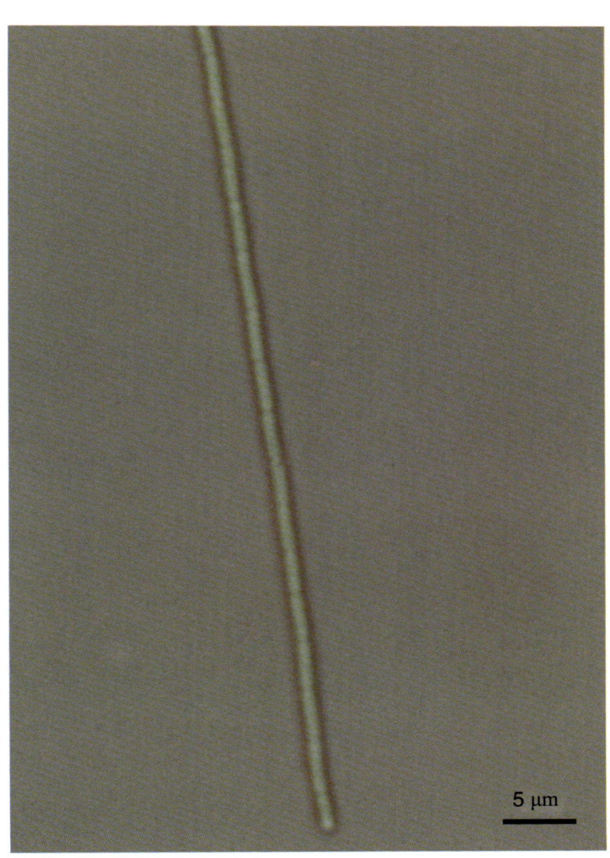

伪鱼腥藻显微照片

②

中文名称 土栖伪鱼腥藻

拉 丁 名 *Pseudanabaena mucicola* Schwabe

生物学特征 藻丝多数直，不具胶鞘，收缢明显。藻丝一般由2~6个细胞组成，形态较短，细胞形态为圆柱形或椭圆形，细胞长3~5 μm、宽1~3 μm。

生　　境 常与微囊藻群体混生。在本系统中该种类属于常见种。

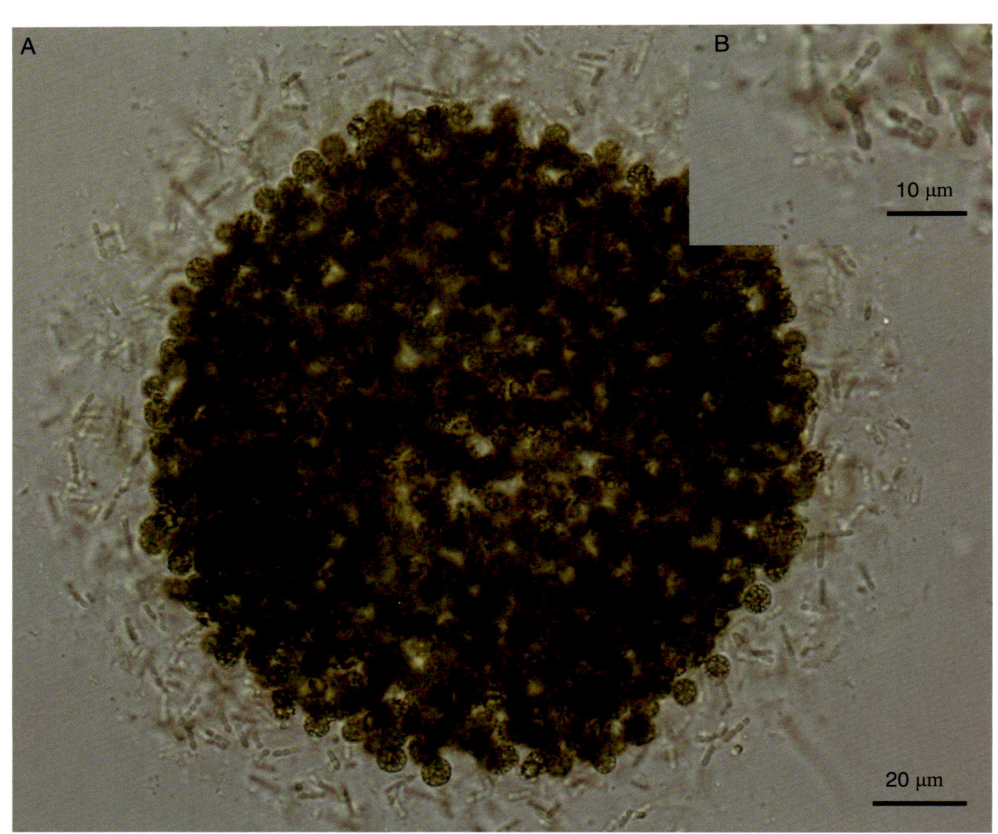

土栖伪鱼腥藻显微照片

A：微囊藻群体外围混生着土栖伪鱼腥藻；B：土栖伪鱼腥藻藻丝形态

席藻科 Phormidiaceae
席藻属 *Phormidium* Kütz. Ex Gom

中文名称 席藻

拉丁名 *Phormidium* sp. Kütz. Ex Gom

生物学特征 藻丝着生或漂浮，丝体不分枝，直或弯曲；藻丝具鞘，彼此粘连，有时部分融合，不分层；藻丝能动，形态为圆柱形，横壁收缢或不收缢；末端细胞头状；细胞长约 5.5 μm，宽约 4 μm。

生境 分布很广，常见于流水和静止水体中。在本系统中该种类出现在升温和富营养化处理组（WE6）。

席藻显微照片

7 颤藻科 Oscillatoriaceae
颤藻属 *Oscillatoria* Vauch. ex Gom

中文名称 颤藻

拉丁名 *Oscillatoria* sp. Vauch. ex Gom.

生物学特征 单条藻丝或多数；藻丝不分枝，直或扭曲，可颤动，匍匐式运动；横壁收缢或不收缢，顶端细胞末端增厚或为帽状结构；细胞形态为短柱形或盘状，内含物均匀或具有颗粒，少数具有气囊。细胞长约 5 μm ，宽约 10 μm。

生境 常见于各种静止水体中。在本系统中该种类属于常见种。

颤藻显微照片
A: 40 倍镜下颤藻形态；B: 100 倍镜下颤藻形态

8 念珠藻科 Nostocaceae

（1）长孢藻属 *Dolichospermum* Wacklin, Hoffmann & Komárek

中文名称 长孢藻

拉丁名 *Dolichospermum* sp. (Ralfs ex Bornet & Flahault) Wacklin, Hoffmann & Komárek

生物学特征 单一丝状或聚集成簇，浮游，藻丝等宽，直或弯曲。细胞形态球形、桶形、常为伪空胞；异形胞常为间位，孢子紧靠异形胞或位于异形胞之间。

生境 常见于各种静止水体中。在本系统中该种类属于常见种。

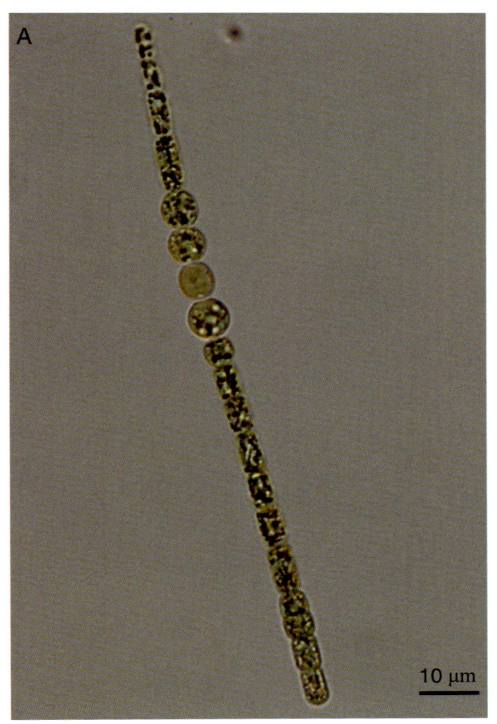

长孢藻显微照片

（2）束丝藻属 *Aphanizomenon* Morren ex Bornet & Flahault

中文名称 依沙矛丝藻

拉丁名 *Cuspidothrix issatschenkoi* Rajan.

生物学特征 藻丝漂浮，为圆柱形细胞，横壁不或略收缢；末端细胞无色，形态细、尖。细胞长 6～9 μm，宽 3～4 μm；异形胞圆柱形到卵形，每条藻丝具有 1（2 或 3）个，长 7～11 μm。

生境 常见于各种静止水体中。在本系统中该种类较常见。

依沙矛丝藻显微照片
A：40 倍镜下矛丝藻；B：100 倍镜下矛丝藻

（3）拟柱孢藻属 *Cylindrospermopsis* Seenayya et Subba Raju

中 文 名 称 拟柱孢藻

拉　丁　名 *Cylindrospermopsis raciborskii* (Woloszynska) Seenayya et Subba Raju

生物学特征 浮游，单生，细胞弯形；由于其很少出现细胞收缩，单个细胞往往较难区分；藻丝周围无胶鞘包裹，藻丝体两端渐狭细，藻丝末端有时可见异形胞；藻丝宽 2～5 μm，长 10～100 μm。

生　　　境 可产毒素，喜高温，分布范围较广。在本系统中该种类出现在富营养化和杀虫剂双重处理组（EP3）。

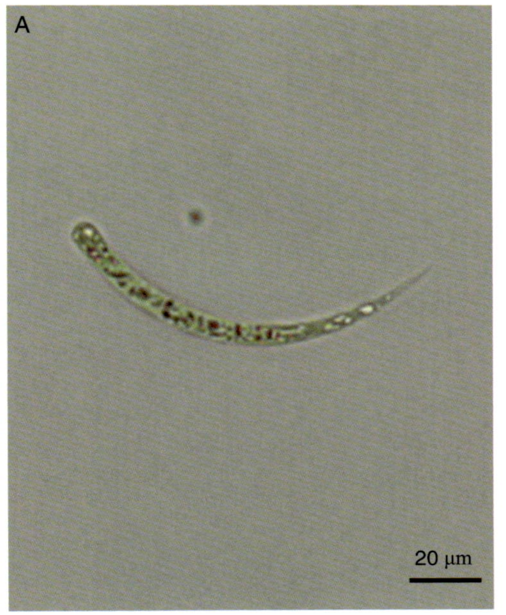

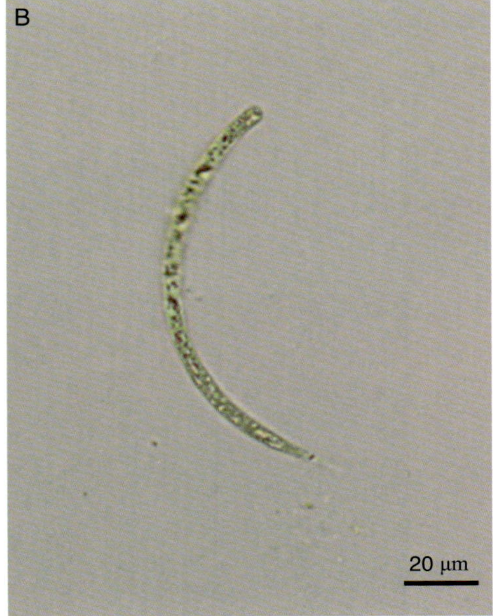

拟柱孢藻显微照片

绿藻门

1 衣藻科 Chlamydomonadaceae
衣藻属 *Chlamydomonas* Ehrenherg

中文名称　衣藻

拉丁名　*Chlamydomonas* sp. Ehrenherg

生物学特征　单细胞，细胞球形、卵形或椭圆形，细胞壁平滑，不具有或具有胶被。细胞具有2条等长的鞭毛，鞭毛基部具有1个或2个伸缩泡；眼点位于细胞一侧，橘红色。细胞长约7 μm，宽约6 μm。

生境　常见于湖泊、池塘和小水沟等水体中。在本系统中该种类出现在富营养化和杀虫剂双重处理组（EP2）。

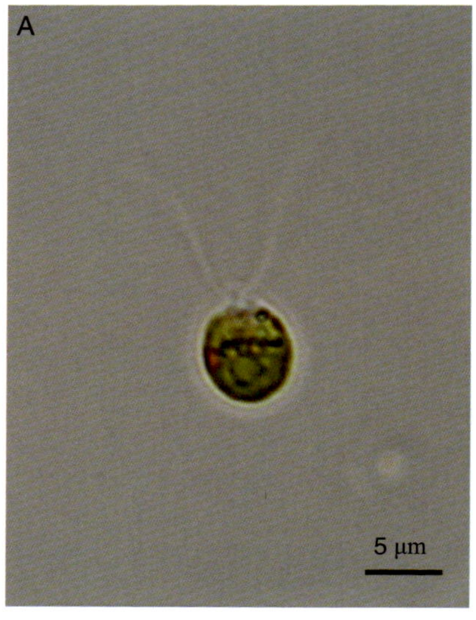

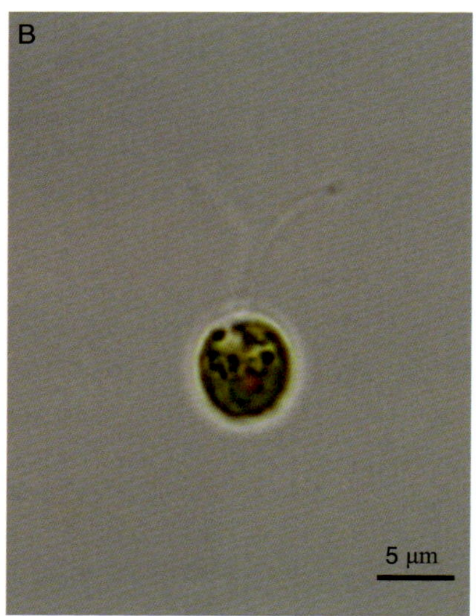

衣藻显微照片
A：细胞2条鞭毛和细胞核；B：橘红色眼点

2 团藻科 Volvocaceae

（1）实球藻属 *Pandorina* Bory

中文名称 实球藻

拉丁名 *Pandorina morum* (Müll.) Bory

生物学特征 群体球形或椭圆形，由4个、8个、16个或32个细胞组成；群体胶被明显，其中细胞互相紧贴，常无空隙。细胞倒卵形或楔形，前端钝圆，后端渐狭。前端中央具有2条等长的鞭毛，基部具有2个伸缩泡，有眼点；色素体杯状；细胞直径为7～17 μm，群体直径为20～60 μm 。

生境 常见于湖泊、池塘等各种小水体中。在本系统中该种类出现在升温处理组（W2）。

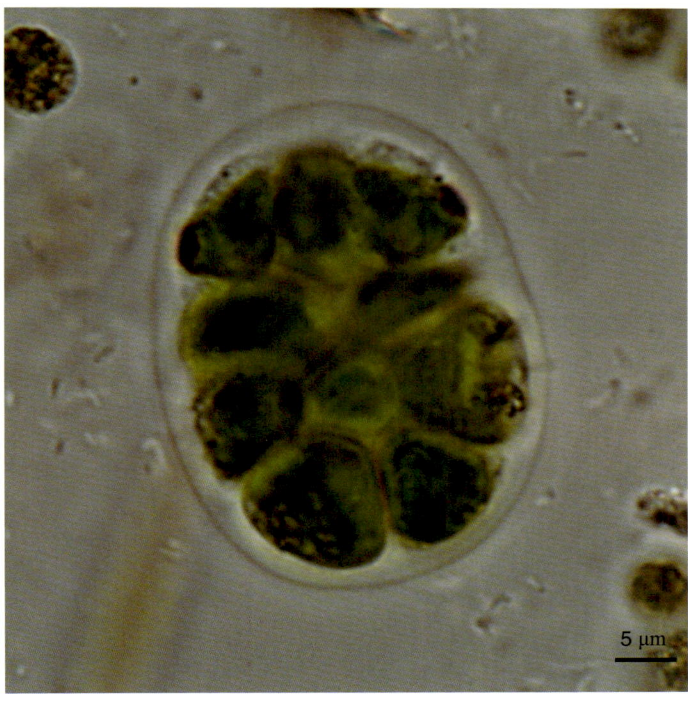

实球藻显微照片

（2）团藻属 *Volvox* (Linné)Ehrenberg

中文名称 团藻

拉丁名 *Volvox* sp. (Linné) Ehrenberg

生物学特征 定性群体具胶被，球形、卵形或椭圆形，由多至数万个细胞组成。细胞形态多样，前端中央具有2条等长鞭毛。雌雄同株或雌雄异株。

生境 常见于有机质含量较多的浅水水体中。在本系统中该种类出现在升温处理池（W3）。

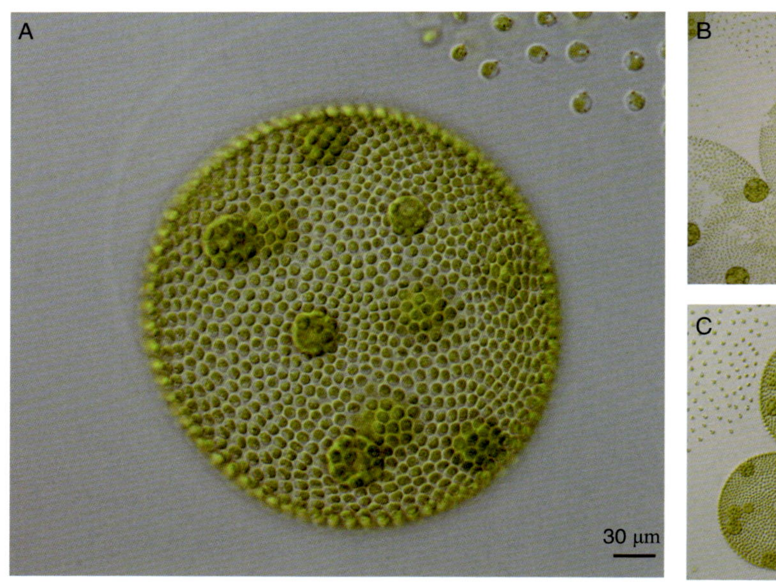

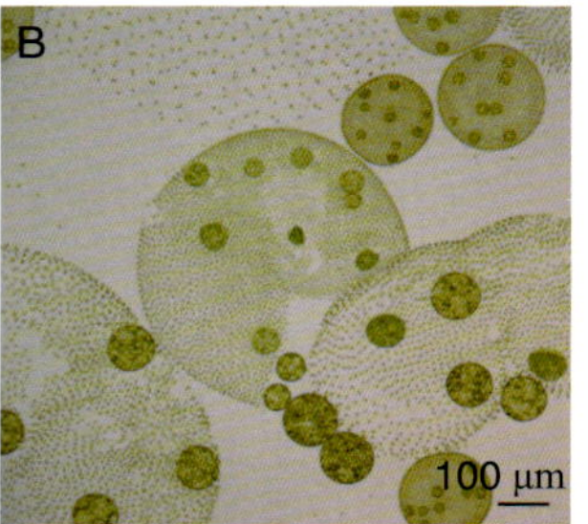

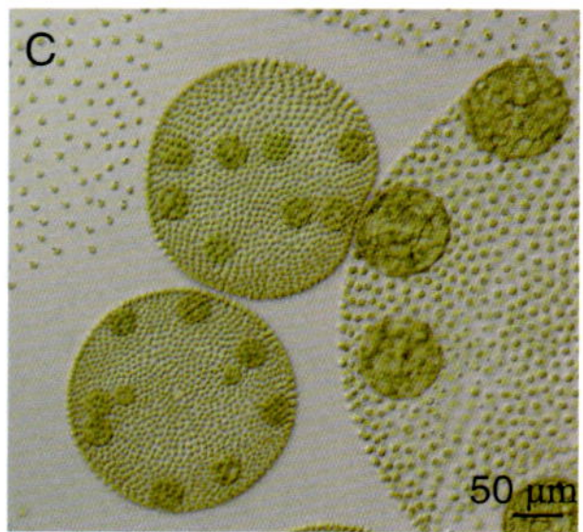

团藻群体显微照片
A，B，C 为不同倍镜下团藻群体形态

3 四集藻科 Volvocaceae
绿星球藻属 *Asterococcus* Scherffel

中文名称 分层绿球藻

拉 丁 名 *Asterococcus superbus* (Cienk.) Schedm

生物学特征 群体球形，常由4～8个细胞组成，罕见为单细胞；群体和个体胶被明显分层，细胞形态为球形或近球形，色素体轴生、星状，位于细胞中央，具有少数放射状发射出的脊片，细胞中央具有1个蛋白核；细胞直径24～43 μm，群体直径可达95～100 μm。

生　　境 生长在各种静止的小水体和潮湿土壤中。在本系统中该种类出现在对照组（C1）。

分层绿球藻显微照片

4 绿球藻科 Volvocaceae

（1）微芒藻属 *Micractinium* Fresenius

①

中文名称　微芒藻

拉丁名　*Micractinium pusillum* Fresenius

生物学特征　群体常由4个、8个、16个或32个细胞组成，排成四方形、角锥形或球形，互相聚集，无胶被；细胞形态为球形，外侧具有2～5条长粗刺，色素体周生1个、杯状；细胞直径3～7 μm，刺长20～35 μm。

生境　常见于肥沃的小型水体和浅水湖泊中。在本系统中该种类出现在升温和杀虫剂双重处理池（WP）。

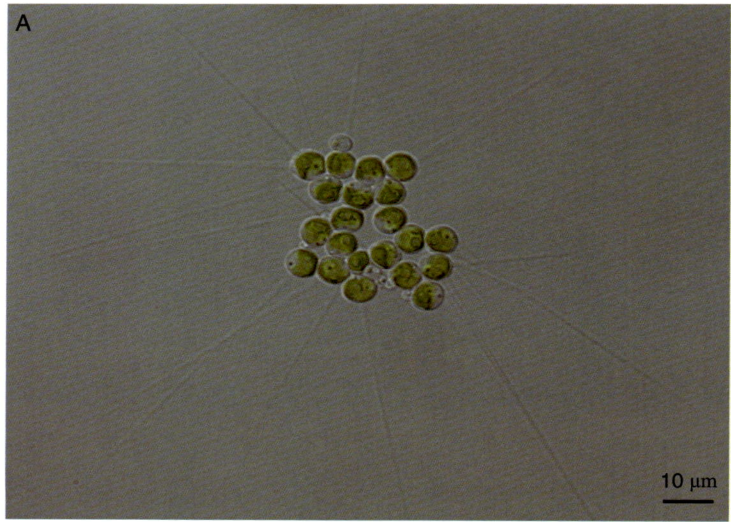

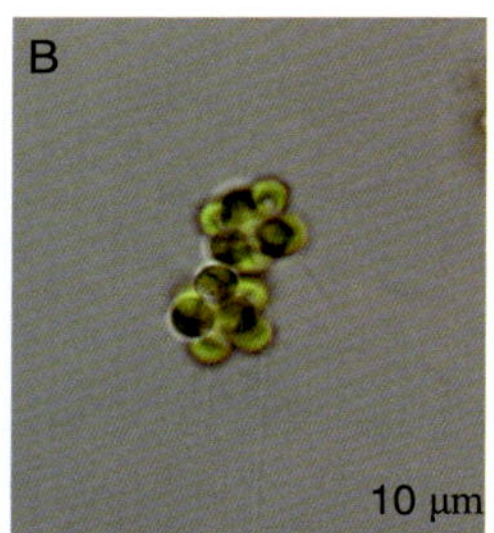

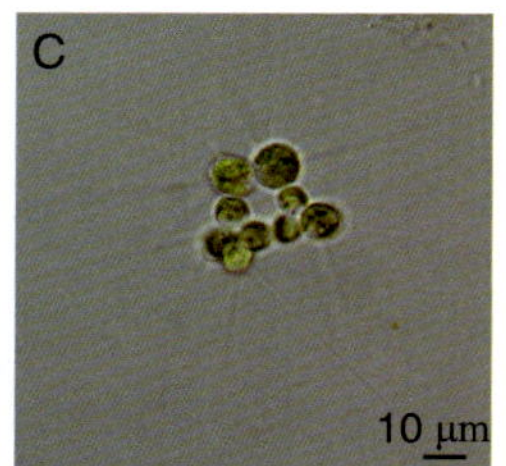

微芒藻显微照片

②

中文名称 四刺微芒藻

拉丁名 *Micractinium quadrisetum* (Lemmermann) Smith

生物学特征 群体常由4个、8个、16个或32个细胞组成，细胞形态近球形，群体中央形成一个长方形的空间，外侧具有2～5条长粗刺，细胞直径3～7 μm，刺长20～50 μm。

生境 常见于肥沃的小型水体和浅水湖泊中。在本系统中该种类出现在升温和杀虫剂双重处理池（WP）。

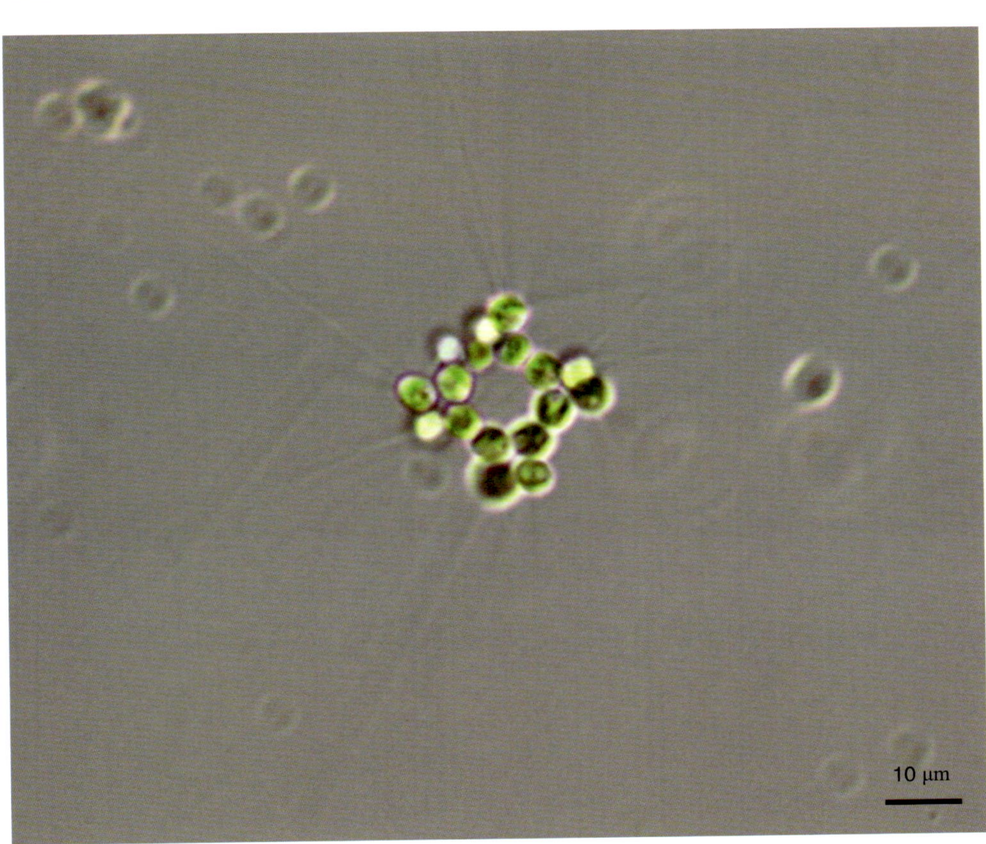

四刺微芒藻显微照片

（2）多芒藻属 *Golenkinia* Chodat

中文名称　多芒藻

拉丁名　*Golenkinia radiata* Chodat

生物学特征　单细胞，有时聚集成群；细胞形态球形，细胞表面具有许多纤细长刺，色素体 1 个，充满整个细胞。细胞直径 7～18 μm，刺长 20～45 μm。

生境　常见于各种富营养的小水体中。在本系统中该种类出现在富营养和杀虫剂双重处理池（P2 和 EP3）。

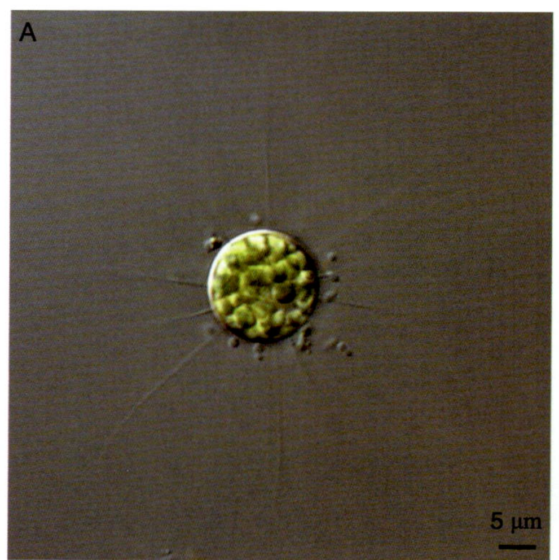

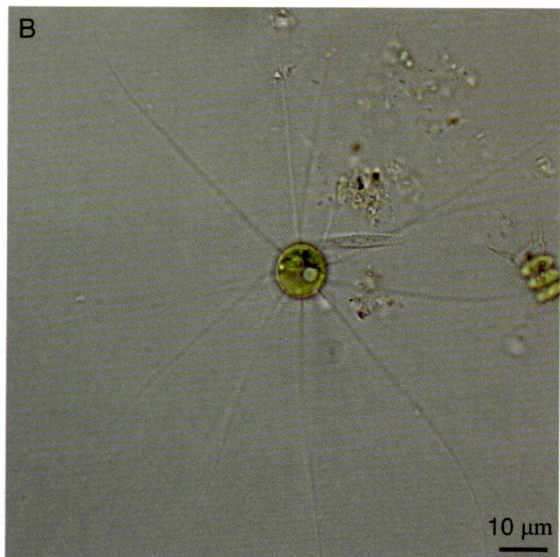

多芒藻显微照片

小桩藻科 Characiaceae
弓形藻属 *Schroederia* Lemmermann em. Korschikoff

①

中文名称 弓形藻

拉丁名 *Schroederia* sp. Lemmermann em. Korschikoff

生物学特征 浮游，单细胞，形态长纺锤形，直或略弯曲，细胞两端的细胞壁延伸为细长直刺，末端尖细；色素体片状1个，具蛋白核1个；细胞包括刺长56~85 μm，宽3~7 μm，刺长13~27 μm。

生境 多生长于湖泊、池塘等水体中。在本系统中该种类出现在升温、富营养化和杀虫剂三重处理组（WEP1）。

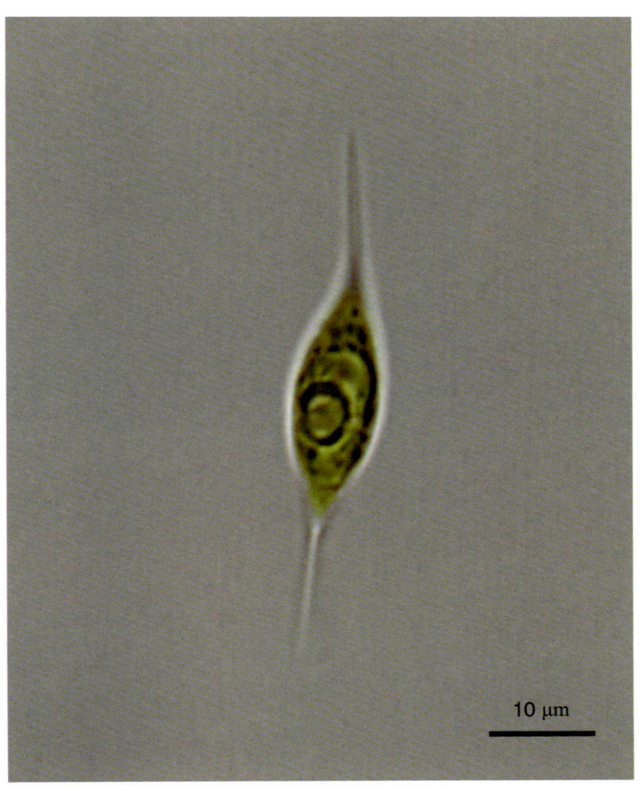

弓形藻显微照片

②

中文名称　拟菱形弓形藻

拉　丁　名　*Schroederia nitzschioides* Korschikoff

生物学特征　单细胞，长纺锤形，两端逐渐尖细，并延伸成细长的刺，两刺的末端常向相反方向微弯曲；色素体片状1个，或有或无蛋白核；细胞包括刺长约104 μm，宽约7 μm，刺长30～34 μm。

生　　　境　多生长于湖泊、池塘等水体中。在本系统中该种类出现在对照组（C1）。

拟菱形弓形藻显微照片

6 小球藻科 Chlorellaceae

（1）小球藻属 *Chlorella* Beijerinck

中文名称 小球藻

拉丁名 *Chlorella* sp. Beijerinck

生物学特征 单细胞，单生或多个细胞聚集成群，群体中的细胞大小不一致，浮游；细胞形态球形或椭圆形；细胞壁薄或厚，色素体周生 1 个，杯状或片状，蛋白核 1 个。细胞直径 2~5 μm，分裂细胞直径约 8 μm 。

生境 通常生长在池塘、湖泊等浅水水体中。在本系统中该种类属于常见种。

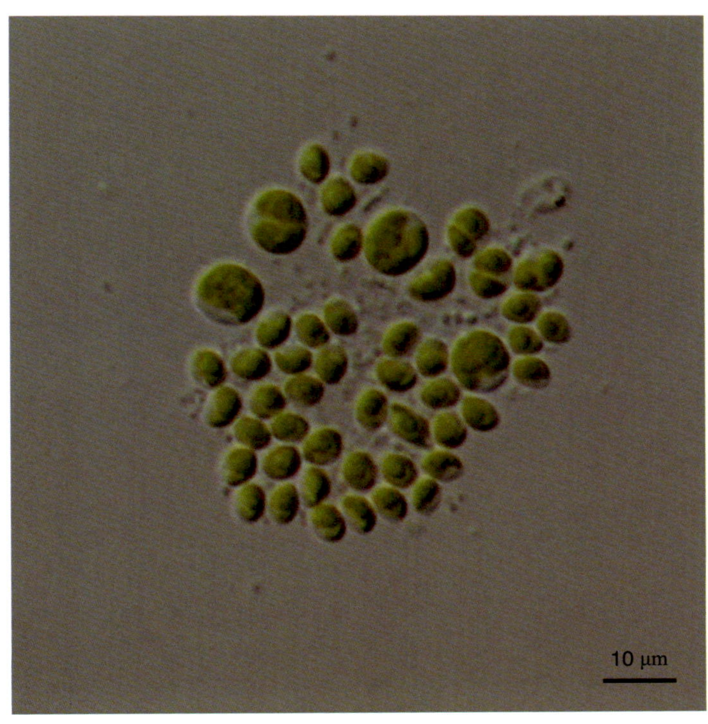

小球藻显微照片

（2）四角藻属 *Tetraëdron* Kützing

①

中文名称 三角四角藻

拉丁名 *Tetraëdron trigonum* (Näg.) Hansgirg

生物学特征 单细胞，扁平，正面观为三角形，侧面观为椭圆形，细胞侧缘略凹入、近平直或略凸出，角顶有1条直或略弯的粗刺；细胞不含刺宽11～30 μm，厚3～9 μm，长2～10μm。

生境 常见于湖泊、池塘等小水体中，分布广泛。在本系统中该种类出现在对照组（C1）。

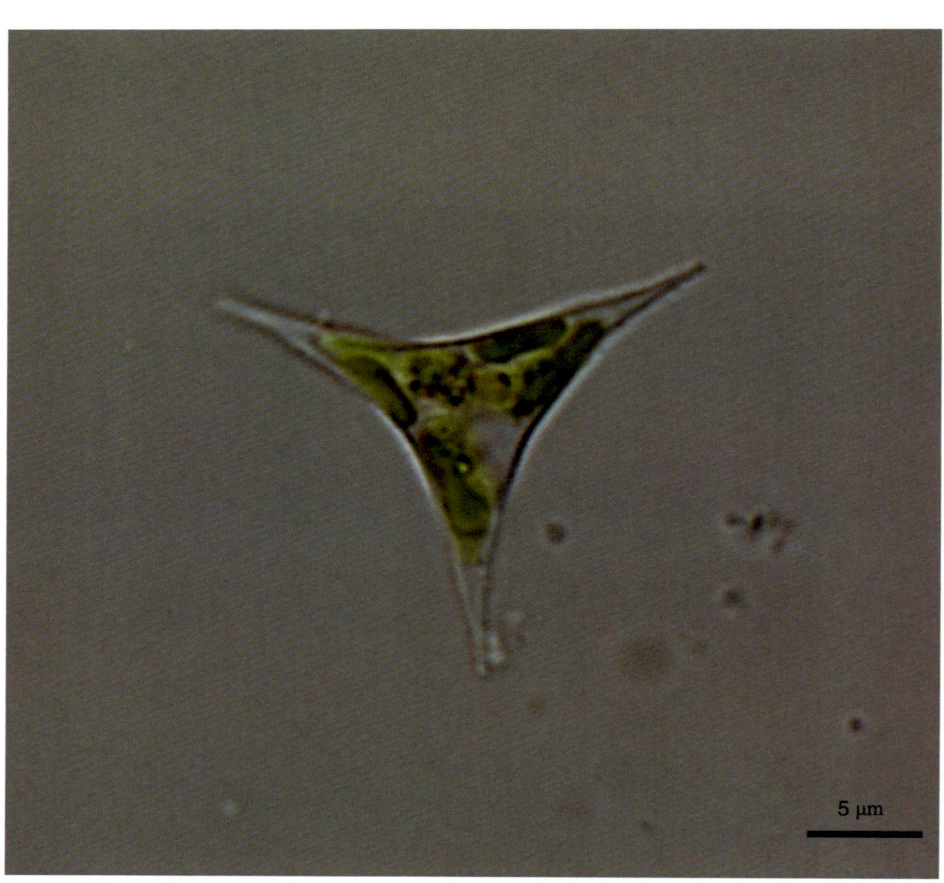

三角四角藻显微照片

②

中文名称 二叉四角藻

拉　丁　名 *Tetraëdron bifurcatum* (Wille) Lagerheim

生物学特征 单细胞，形态扁平，正面观为四边约等长的四角形，缘边凹入，具有 4 个角，角延长成较长的角状突起，顶端有 2 条叉状的粗短刺；色素体 1 个，具有蛋白核 1 个；细胞宽约 16 μm，刺状突起长约 7 μm。

生　　境 常见于湖泊、池塘等有机质丰富的小水体中。在本系统中该种类出现在升温处理组（W1）。

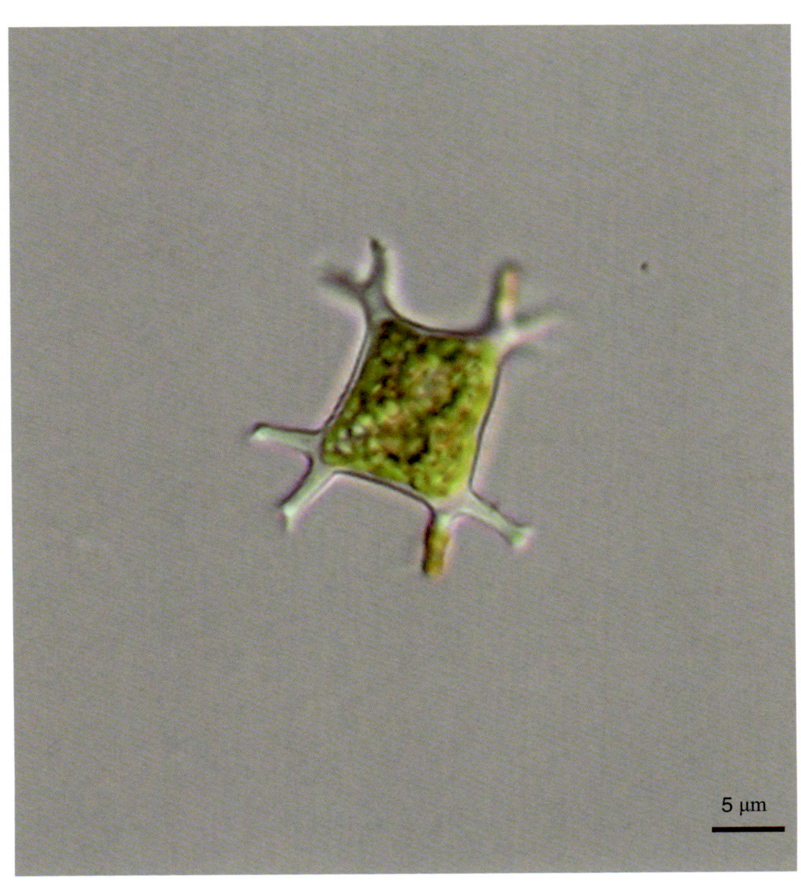

二叉四角藻显微照片

（3）四棘藻属 *Treubaria* Bernard

中文名称	粗刺四棘藻
拉丁名	*Treubaria crassispina* G. M. Smith
生物学特征	单细胞，较大，形态为三角锥形到近三角锥形，具有近圆柱形长粗刺，顶端较尖；细胞不包括刺宽 12～15 μm，刺长 30～60 μm。
生境	多生长于富营养型的湖泊、池塘中。在本系统中该种类出现在杀虫剂处理组（P4）。

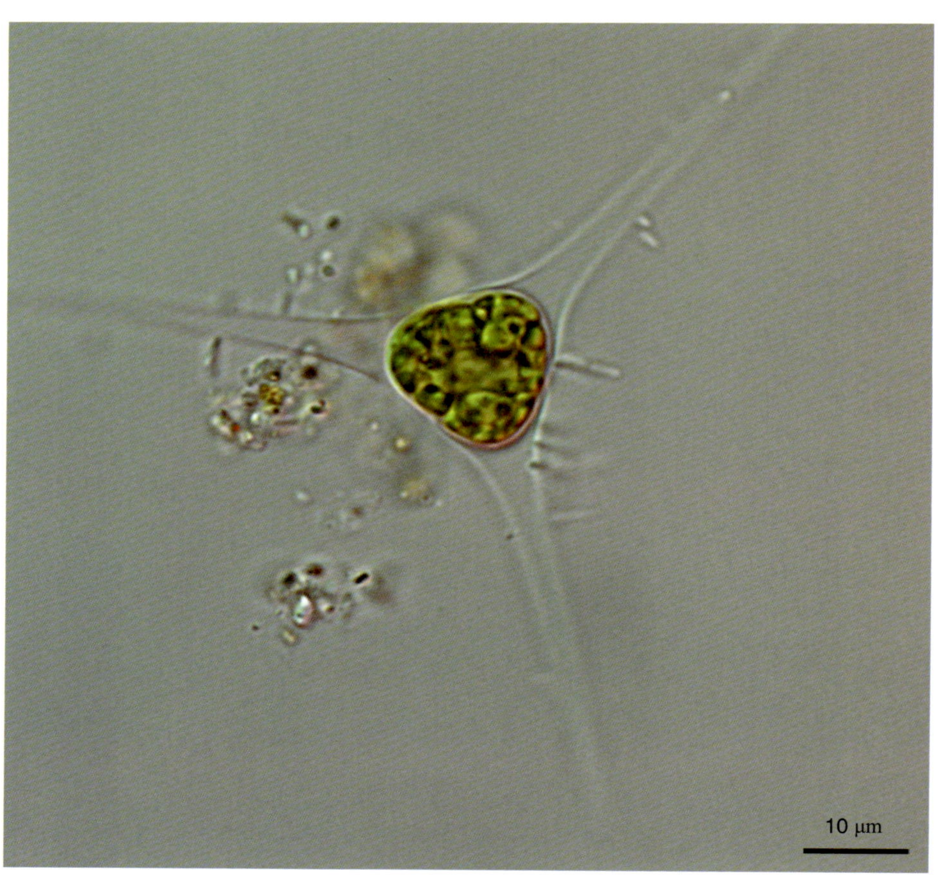

粗刺四棘藻显微照片

（4）月牙藻属 *Selenastrum* Reinsch

中文名称 月牙藻

拉 丁 名 *Selenastrum bibraianum* Reinsch

生物学特征 通常由 4 个、8 个、16 个或更多的细胞聚集成群，以细胞背部凸出一侧相靠排列；细胞形态新月形或镰形，两端同向弯曲，自中部向两端逐渐尖细；色素体 1 个，蛋白核 1 个；细胞长 20～38 μm，宽 5～8 μm。

生 境 常见于湖泊、池塘等有机质丰富的小水体中。在本系统中该种类出现在升温处理组（W1）。

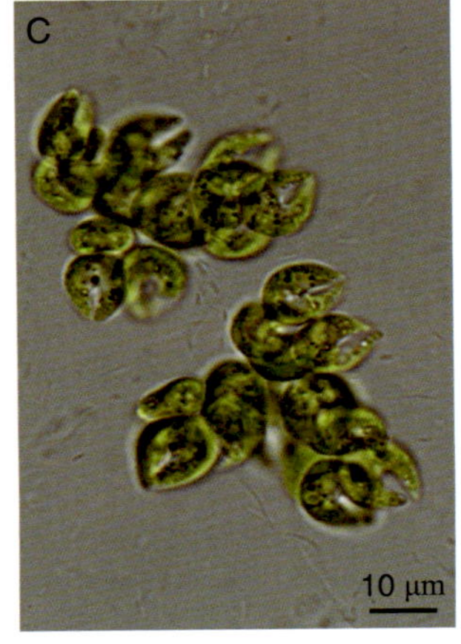

月牙藻显微照片
A、B：40 倍镜下细胞形态；C：100 倍镜下细胞形态

（5）顶棘藻属 *Chodatella* Lemmermann

中文名称 纤毛顶棘藻

拉丁名 *Chodatella ciliata* (Lag.) Lemmermann

生物学特征 单细胞，形态长卵形，两端钝圆，细胞两端各有6~8条长刺，辐射状排列；色素体周生，片状1~4个，各有1个蛋白核。细胞长约26 μm，宽约10 μm，刺长14~18 μm。

生境 通常生长在池塘、湖泊中。在本系统中该种类属于常见种。

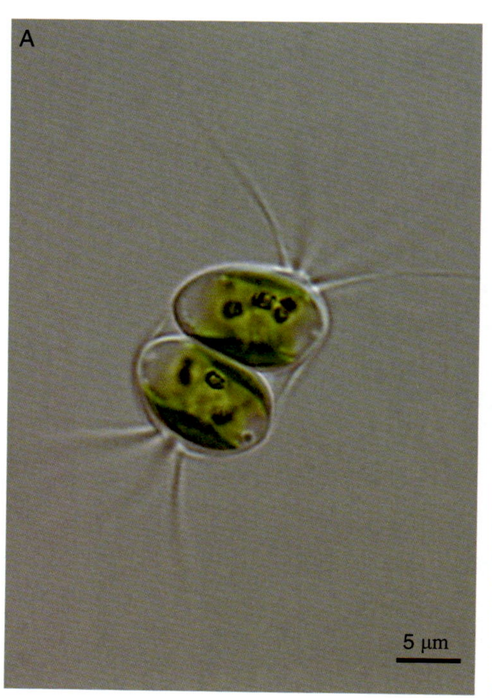

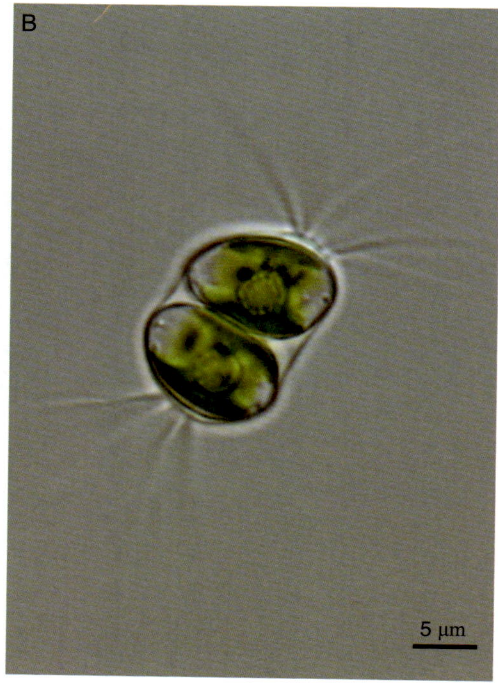

纤毛顶棘藻显微照片

A：细胞色素体和长刺；B：细胞内蛋白核结构

7 卵囊藻科 Oocystaceae

（1）卵囊藻属 *Oocystis* Nägeli

中文名称 湖生卵囊藻

拉 丁 名 *Oocystis lacustris* Chodat

生物学特征 群体通常由2个、4个或8个细胞组成，包被在部分胶化膨大的母细胞壁内，单细胞极少；细胞形态为椭圆形或宽纺锤形，两端渐尖并具有短圆锥状增厚，色素体片状1～4个，各具有1个蛋白核。细胞长26～30 μm，宽14～18 μm。

生 境 通常生长在池塘、湖泊中。在本系统中该种类属于常见种。

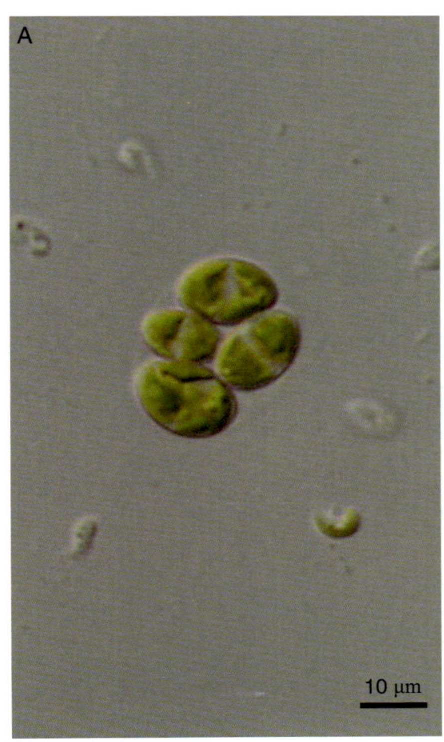

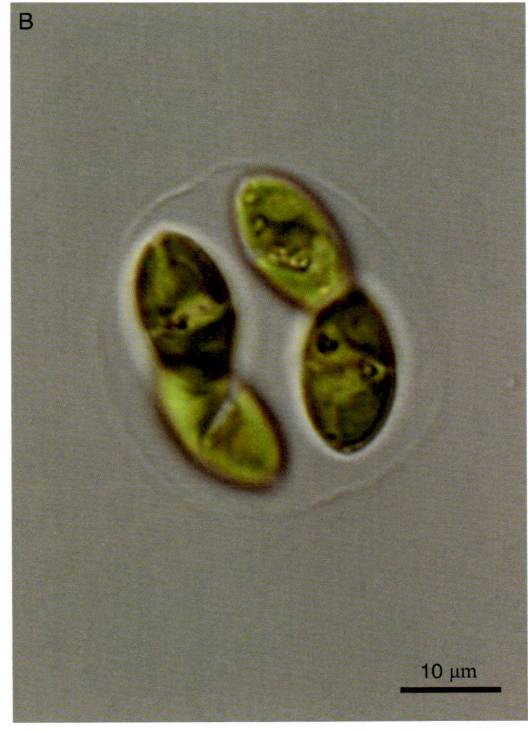

湖生卵囊藻显微照片

A：40倍镜下细胞形态；B：100倍镜下细胞形态

（2）浮球藻属 *Planktosphaeria* G. M. Smith

中文名称　浮球藻

拉　丁　名　*Planktosphaeria gelatinosa* G. M. Smith

生物学特征　植物体为群体且群体细胞由 2 个、4 个、8 个或更多个细胞不规则、紧密地排列在群体胶被内，细胞球形，具有多角形或盘状色素体。细胞直径约 10 μm。

生　　境　湖泊、水库、池塘中常见的浮游种类。在本系统中该种类出现在升温和富营养化双重处理组（WE3）。

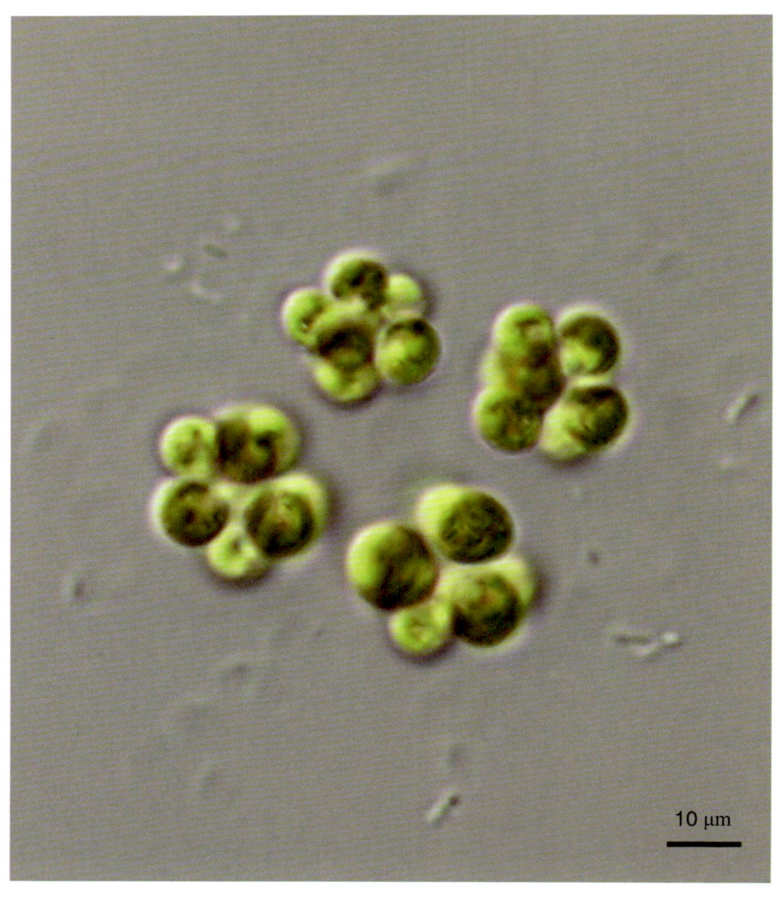

浮球藻显微照片

8 网球藻科 Dictyosphaeraceae
胶网藻属 *Dictyosphaerium* Nägeli

①

中文名称 胶网藻

拉 丁 名 *Dictyosphaerium* sp. Nägeli

生物学特征 定形群体，形态为球形或椭圆形，多为 8 个、16 个或 32 个细胞包被在无色透明的胶被内，以母细胞壁分裂形成的四分叉胶质丝相连，细胞形态为椭圆形或卵形，色素体杯状 1 个，细胞长 4～10μm，宽 3～7μm。

生 境 常见于湖泊、池塘、沼泽中。在本系统中该种类出现在升温和富营养化双重处理池（WP）。

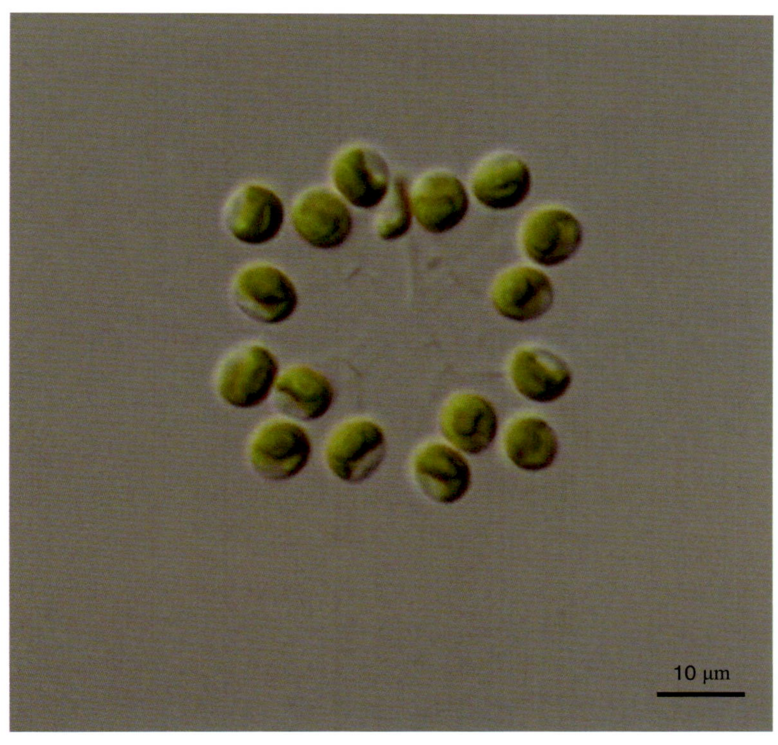

胶网藻显微照片

②

中文名称　美丽胶网藻

拉　丁　名　*Dictyosphaerium pulchellum* Wood

生物学特征　定形群体，形态为球形或椭圆形，多为 8 个、16 个或 32 个细胞包被在无色透明的胶被内，以母细胞壁分裂形成的四分叉胶质丝相连，细胞形态为椭圆形或卵形，色素体 1 个杯状，细胞长 4～10 μm，宽 3～7 μm。

生　　境　常见于肥沃的小型水体和浅水湖泊中。在本系统中该种类出现在升温和杀虫剂双重处理池（WP）。

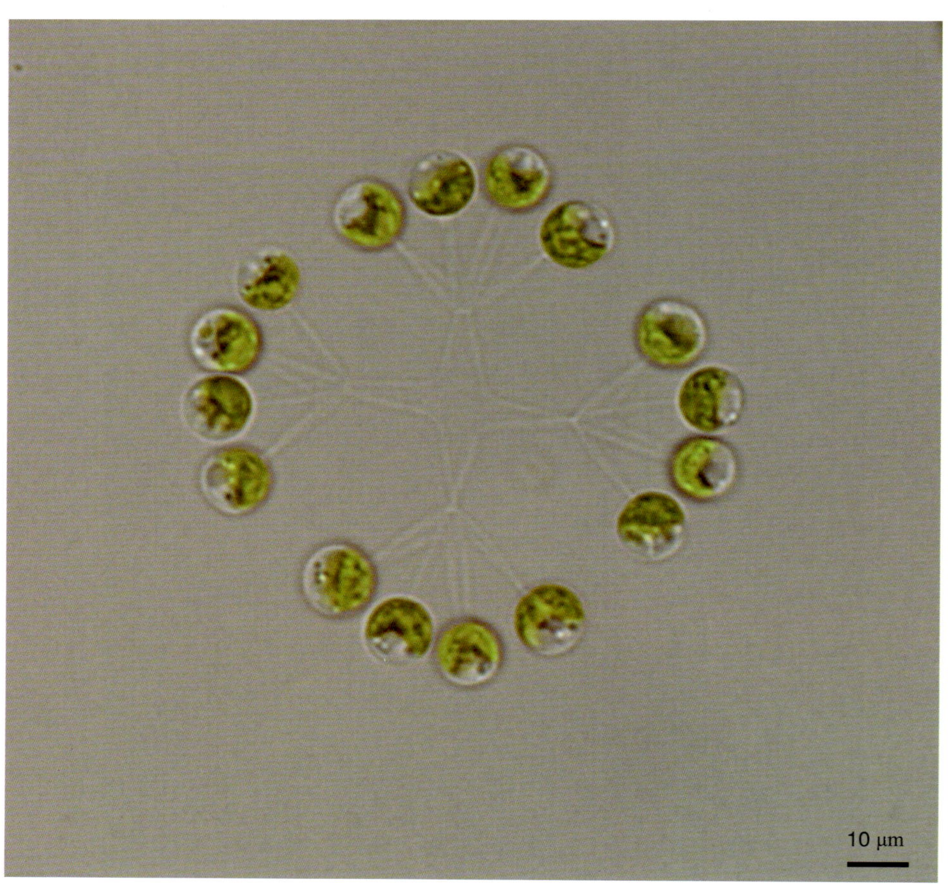

美丽胶网藻显微照片

9 盘星藻科 Pediastraceae
盘星藻属 *Pediastrum* Nägeli

①

中文名称 单角盘星藻具孔变种

拉丁名 *Pediastrum simplex* var. *duodenarium* (Bailey) Rabenhorst

生物学特征 真性定形群体，由 8 个、16 个、32 个、64 个细胞组成。群体细胞间具有穿孔，群体细胞为三角形，三边均内凹；外层细胞具有尖而长的角突；外层细胞长约 23 μm，宽约 12 μm。

生境 湖泊、水库、池塘中的常见种类。在本系统中该种类属于常见种。

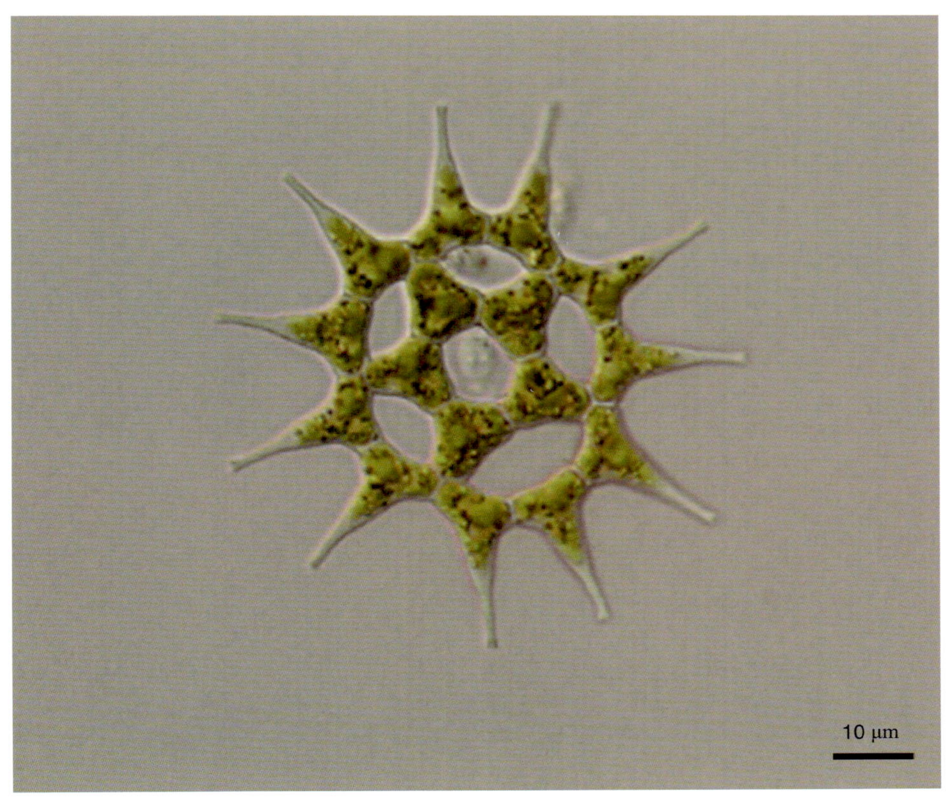

单角盘星藻具孔变种显微照片

②

中文名称　二角盘星藻大孔变种

拉　丁　名　*Pediastrum duplex* var. *clathratum* (Braun) Legeheim

生物学特征　真性定形群体，由 8 个、16 个、32 个、64 个细胞组成。外层细胞具有粗壮而凸出的两裂瓣；外缘细胞具有 2 个凸起，凸起上具有胶质毛丛；外层细胞长 17～20 μm，宽 12～14 μm；内层细胞长 10～13 μm，宽 15～18 μm 。

生　　境　湖泊、水库、池塘中的常见种类。在本系统中该种类属于常见种。

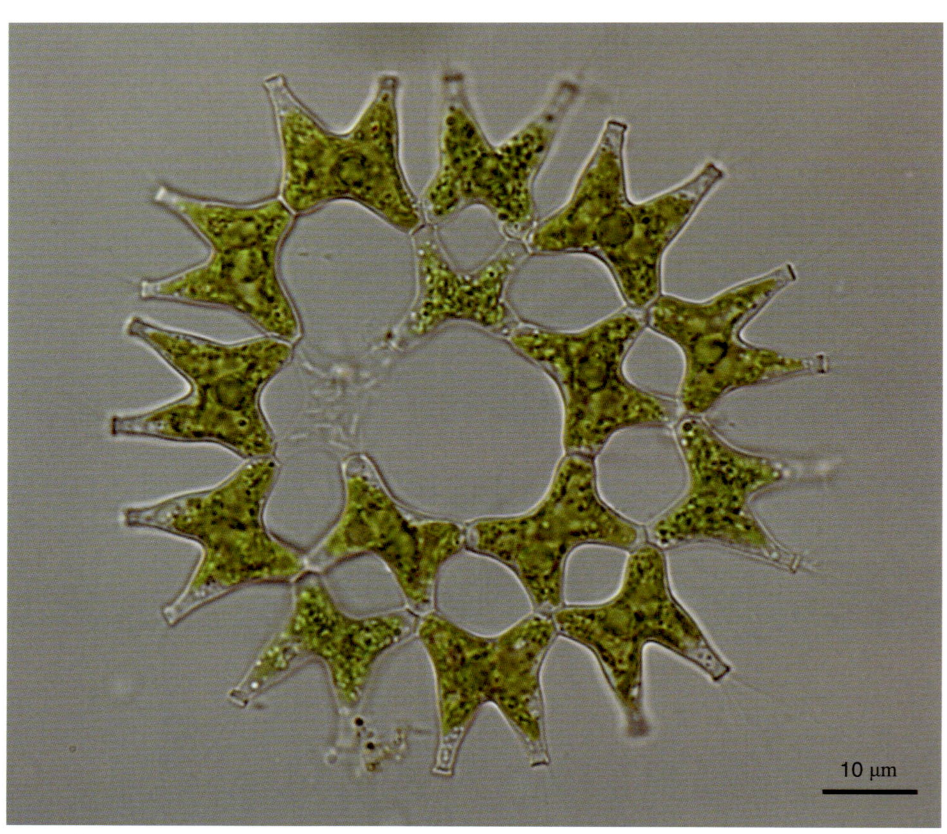

二角盘星藻大孔变种显微照片

③

中文名称 二角盘星藻圆形变种

拉 丁 名 *Pediastrum duplex* var. *rotundatum* Lucks

生物学特征 真性定形群体，由 8 个、16 个、32 个、64 个细胞组成。外层细胞具有粗壮而凸出的两裂瓣，裂瓣比原变种靠拢；外缘细胞具有 2 个凸起；外层细胞长 21～34 μm，宽 16～26 μm；内层细胞长 16～26 μm，宽 16～30 μm 。

生 境 湖泊、水库、池塘中的常见种类。在本系统中该种类属于常见种。

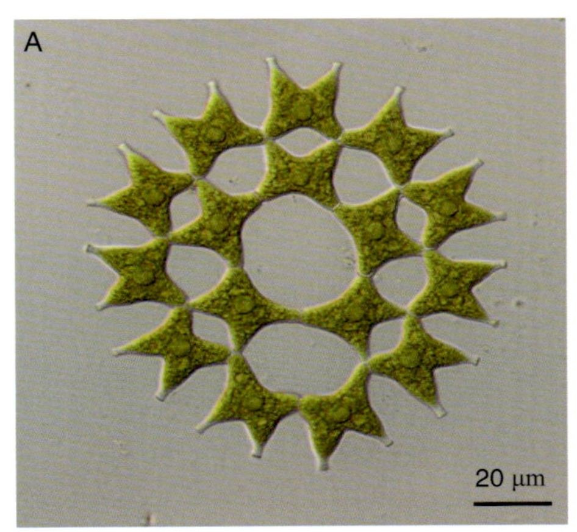

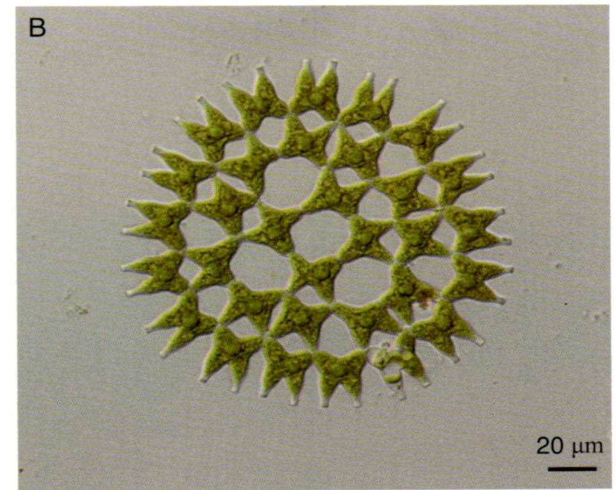

二角盘星藻圆形变种显微照片

④

中文名称　二角盘星藻纤细变种

拉　丁　名　*Pediastrum duplex* var. *gracillimum* G. et West

生物学特征　植物体呈星状，细胞窄长具有大的穿孔，外层细胞凸起的宽度相等，由 16 个细胞连成一层盘状结构且外层细胞各具有 2 个角突；内层细胞与外层细胞相似；细胞长 12～32 μm，宽 10～22 μm。

生　　境　湖泊、池塘中的常见种类。在本系统中该种类属于常见种。

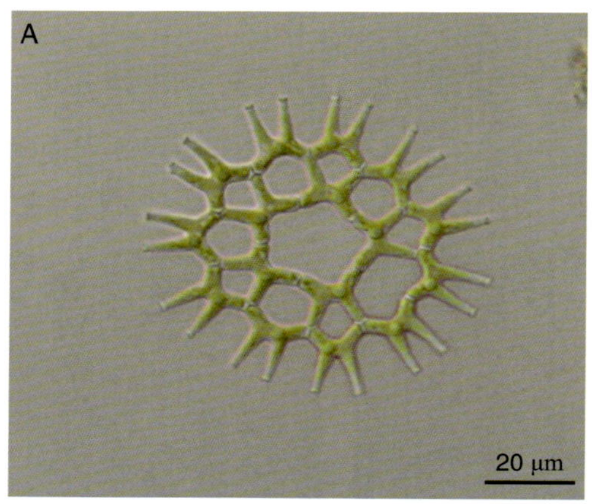

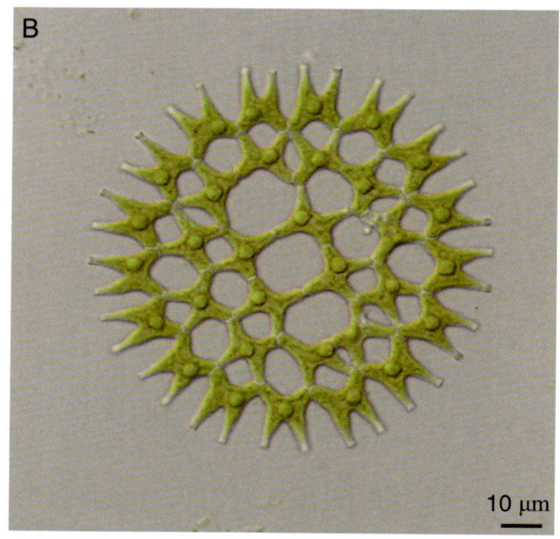

二角盘星藻纤细变种显微照片

⑤

中文名称 短棘盘星藻长角变种

拉 丁 名 *Pediastrum boryanum* var. *longicorne* Raciborski

生物学特征 群体细胞由 4 个、8 个、16 个、32 个或 64 个细胞组成，具有穿孔；群体细胞呈五边形或六边形，边缘细胞外壁具有 2 个长凸起，以细胞基部与邻近细胞相连接；细胞壁具有颗粒；细胞长 14～18 μm，宽 9～12 μm。

生 境 湖泊、池塘中的常见种类。在本系统中该种类属于常见种。

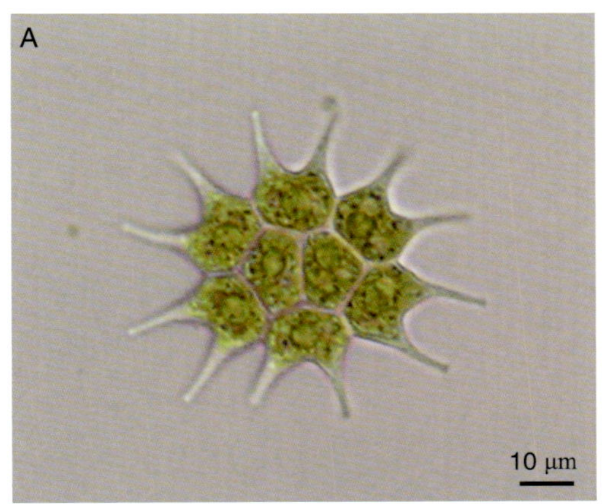

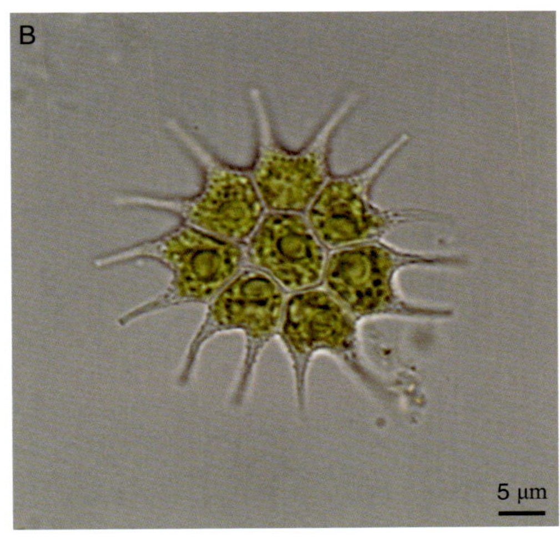

短棘盘星藻长角变种显微照片

⑥

中文名称　短棘盘星藻镊尖变种

拉 丁 名　*Pediastrum boryanum* var. *forcipatum* Raciborski

生物学特征　真性定形群体，由4个、8个、16个、32个或64个细胞组成；群体细胞呈五边形或六边形，外层细胞深裂，具有2个前端渐尖的角突，2角突有时对靠呈镊尖状；细胞长7～10 μm，宽5～7 μm。

生　　境　湖泊、池塘中的常见种类。在本系统中该种类出现在27号池处理组（EP）。

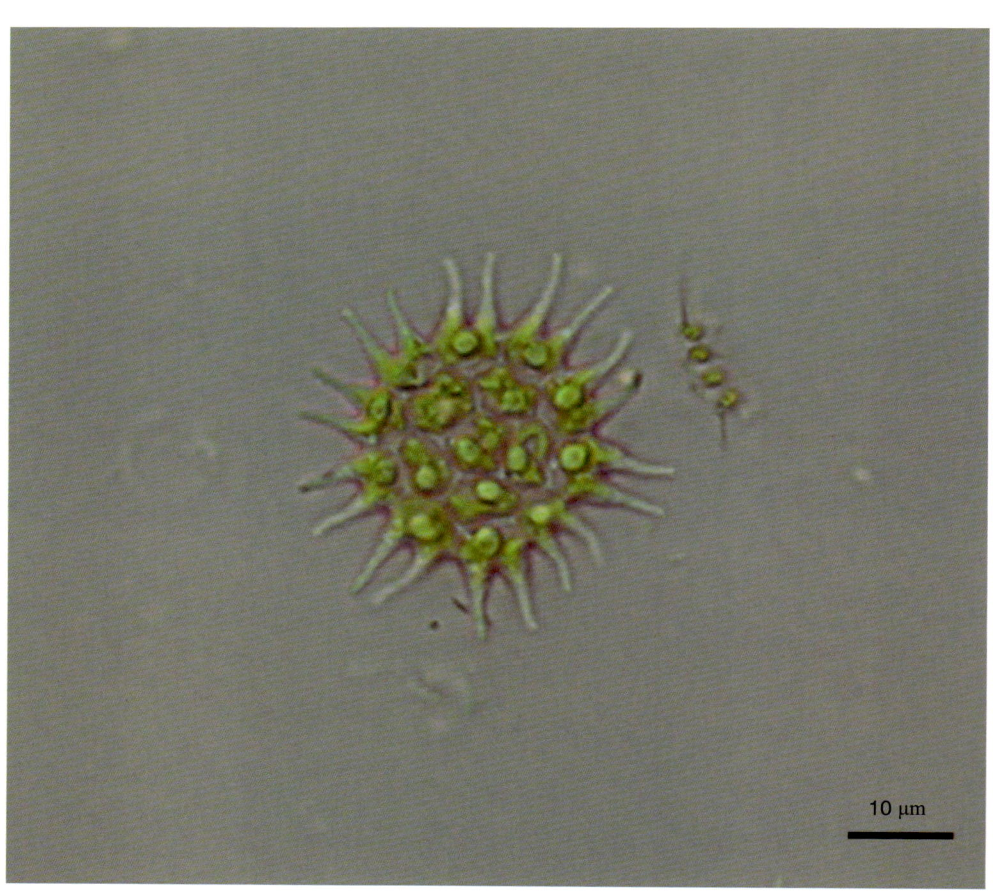

短棘盘星藻镊尖变种显微照片

⑦

中文名称 四角盘星藻

拉 丁 名 *Pediastrum tetras* Ralfs

生物学特征 真性定形群体，由 4 个、8 个、16 个或 32 个（常为 8 个）细胞组成。群体细胞缘边细胞具有线形或楔形的缺刻分成的 2 个裂片，裂片外侧浅或深凹入，群体内层细胞五边形或六边形，缘边细胞外壁具有一深的线形缺刻，细胞壁平滑。细胞长 8～16 μm，宽 8～16 μm。

生 境 湖泊、池塘中真性浮游种类。在本系统中该种类属于常见种。

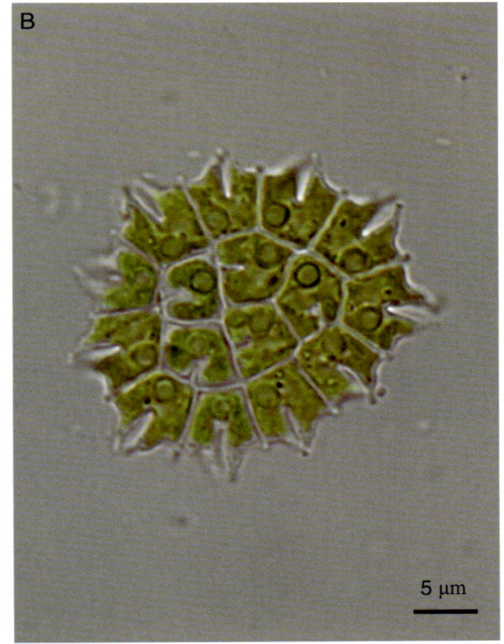

四角盘星藻显微照片
A：由 8 个细胞组成的群体形态；B：由 16 个细胞组成的群体形态

⑧

中文名称 四角盘星藻四齿变种

拉 丁 名 *Pediastrum tetras* var. *tetraodon* Rabenhorst

生物学特征 真性定形群体，由4个、8个、16个或32个（常为8个）细胞组成。群体细胞缘边细胞外壁具有深缺刻，缺刻分成2个裂片的外侧延伸成2个尖的钩状凸起。细胞长约14 μm，宽约12 μm。

生 境 湖泊、池塘中真性浮游种类。在本系统中该种类出现在39号池富营养和杀虫剂双重处理池。

四角盘星藻四齿变种显微照片

10 栅藻科 Scenedesmaceae

（1）栅藻属 *Scenedesmus* Meyen

中文名称 弯曲栅藻

拉丁名 *Scenedesmus arcuatus* Lemmermann

生物学特征 真性定形群体，常为8个细胞组成，群体细胞通常略斜向排成上下两列，上下两列细胞交互排列，细胞形态卵形或长圆形，细胞壁平滑。细胞长10～13 μm，宽4～7 μm。

生境 生长在各种小水体中。在本系统中该种类出现在杀虫剂处理组（P5）。

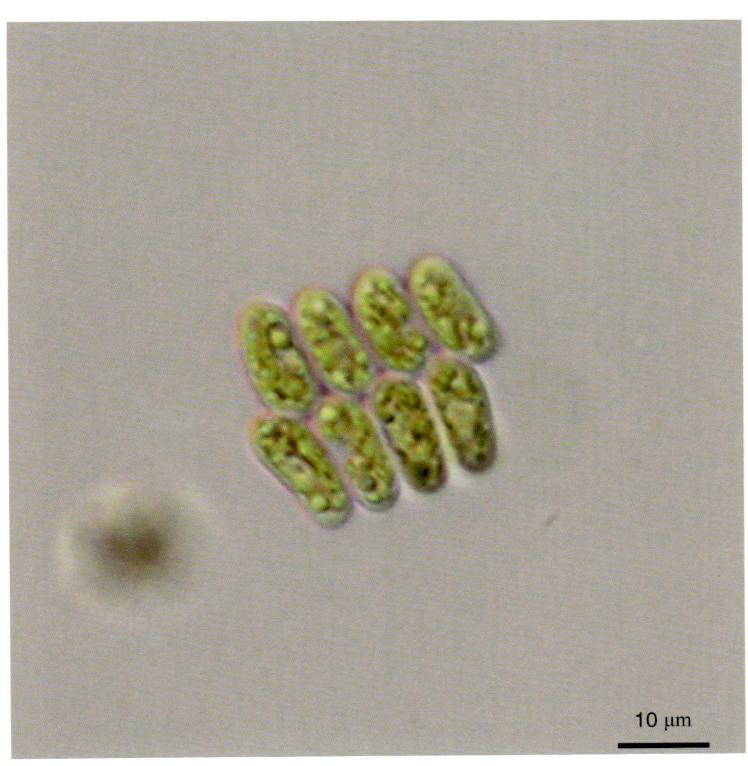

弯曲栅藻显微照片

（2）链带藻属 *Desmodesmus* (Chodat) An, Friedl & Hegewald

①

中文名称 链带藻

拉丁名 *Desmodesmus* sp. (Chodat) An, Friedl & Hegewald

生物学特征 真性定形群体，常为 2 个、4 个、8 个或 16 个细胞组成，群体中的各个细胞以其长轴相互平行、其细胞壁彼此连接排列在一个平面上，细胞形态椭圆形、卵形、纺锤形等，细胞壁具有颗粒、刺、细齿、隆起线等。细胞长 16～18μm，宽 5～7μm。

生境 常见浮游类群，分布广泛。在本系统中该种类出现在富营养化处理组（E1）。

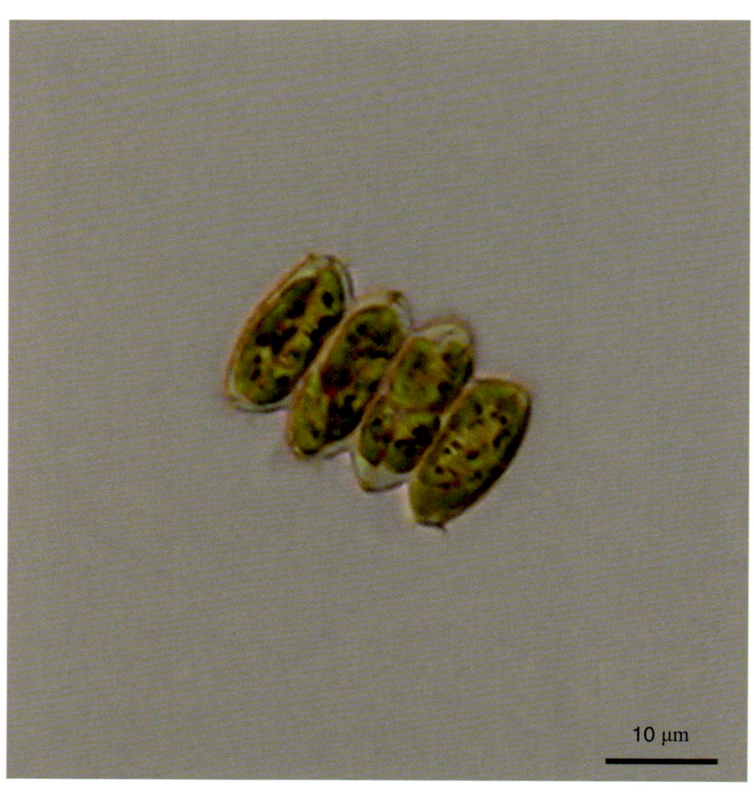

链带藻显微照片

②

中文名称 齿牙链带藻

拉丁名 *Desmodesmus denticulatus* (Lagerheim) An Friedl & Hegewald

生物学特征 真性定形群体，常为 4 个细胞组成，群体细胞或直线排成一行、或平齐、或交错排列；细胞形态椭圆形或卵形，群体细胞上下两端或一端具有 1～2 个齿状凸起。细胞长 13～16 μm，宽 5～7 μm。

生境 常见浮游类群，分布广泛。在本系统中该种类出现在杀虫剂处理组（P1）。

齿牙链带藻显微照片

③

中文名称　背甲链带藻博格变种双尾变型

拉 丁 名　*Desmodesmus armatus* var. *boglariensis* f. *bicaudatus* Hortobágyi

生物学特征　真性定形群体，由2个、4个或8个细胞组成，群体细胞直线排成一行，平行或略交错；细胞形态长椭圆形或卵形，群体外侧细胞仅在相反方向的顶端各具有1刺，而群体外侧细胞另一端无刺。4个细胞群体宽12～22.5 μm，细胞长8～17 μm，宽3～6 μm。

生　　境　常见浮游类群，分布广泛。在本系统中该种类出现在杀虫剂处理组（P1）。

背甲链带藻博格变种双尾变型显微照片

④

中文名称 四尾链带藻

拉 丁 名 *Desmodesmus quadricaudatus* (Turpin) Hegewald

生物学特征 真性定形群体，常见为 4 个或 8 个细胞组成的群体，有时由 2 个或 16 个细胞组成，群体细胞排列成一直线；细胞形态长圆形或卵形，上下两端广圆，群体外侧细胞上下两端各具有一向外斜向的直或略弯曲的刺，细胞壁平滑。细胞长 24～28 μm，宽 8～7 μm。

生 境 常见浮游类群，分布广泛。在本系统中该种类属于常见种类。

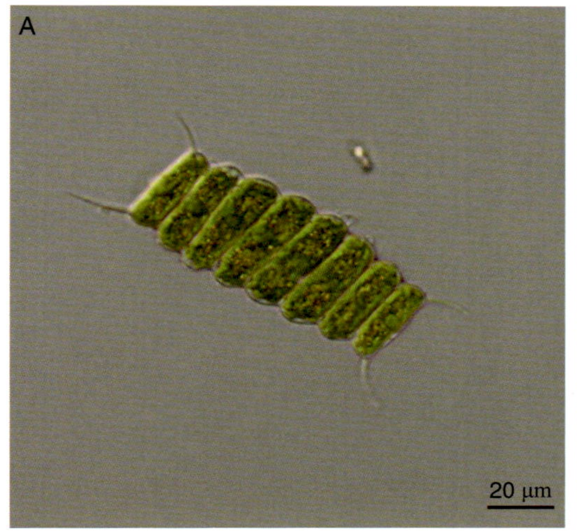

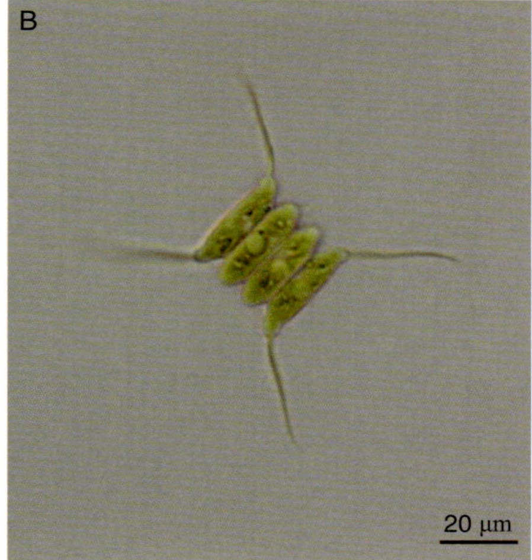

四尾链带藻显微照片

⑤

中文名称　裂孔链带藻

拉　丁　名　*Desmodesmus perforatus* (Lemmermann) Hegewald

生物学特征　真性定形群体，常为 4 个细胞组成的群体，群体细胞排列成一行；细胞近长方形，外侧细胞游离面凸出，其两端外角各具有一向外斜向弯曲的刺，中间细胞仅上下两端很少部分与相邻细胞连接，形成间隙。细胞长 26～29 μm，宽 7～12 μm。

生　　　境　常见浮游类群，分布广泛。在本系统中该种类属于常见种类。

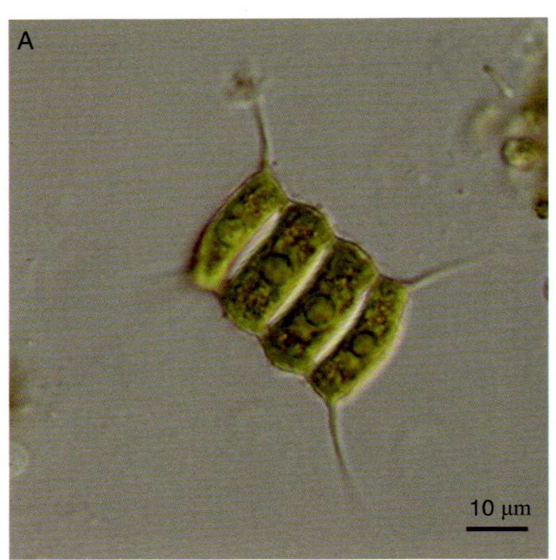

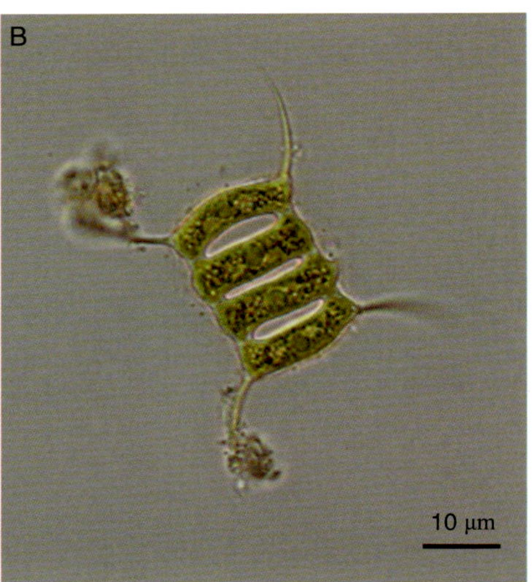

裂孔链带藻显微照片
A：细胞形态及蛋白核；B：各细胞间所形成的明显间隙

（3）集星藻属 *Actinastrum* Lagerheim

中文名称 集星藻

拉 丁 名 *Actinastrum hantzschii* Lagerheim

生物学特征 真性定形群体，常由 4 个、8 个或 16 个组成，群体中的各个细胞的一端在群体中心彼此连接，以细胞长轴从群体共同的中心向外放射状辐射出排列；细胞形态长圆柱状纺锤形，两端略狭和截圆形；色素体周生 1 个，片状，蛋白核 1 个；细胞长 16～20 μm，宽 3～5 μm。

生 境 常见于湖泊、池塘等小水体中。在本系统中该种类出现在升温处理组（W5）。

集星藻显微照片

（4）空星藻属 *Coelastrum* Nägeli

①

中文名称　空星藻

拉丁名　*Coelastrum* sp. Nägeli

生物学特征　真性定形群体，细胞卵形到圆锥形，由8个、16个、32个、64个细胞组成，群体细胞以细胞壁或其上的凸起彼此相连，细胞壁光滑，色素体周生；细胞长10～18 μm，宽8～13 μm。

生境　湖泊、水库、池塘中的常见种类。在本系统中该种类属于常见种。

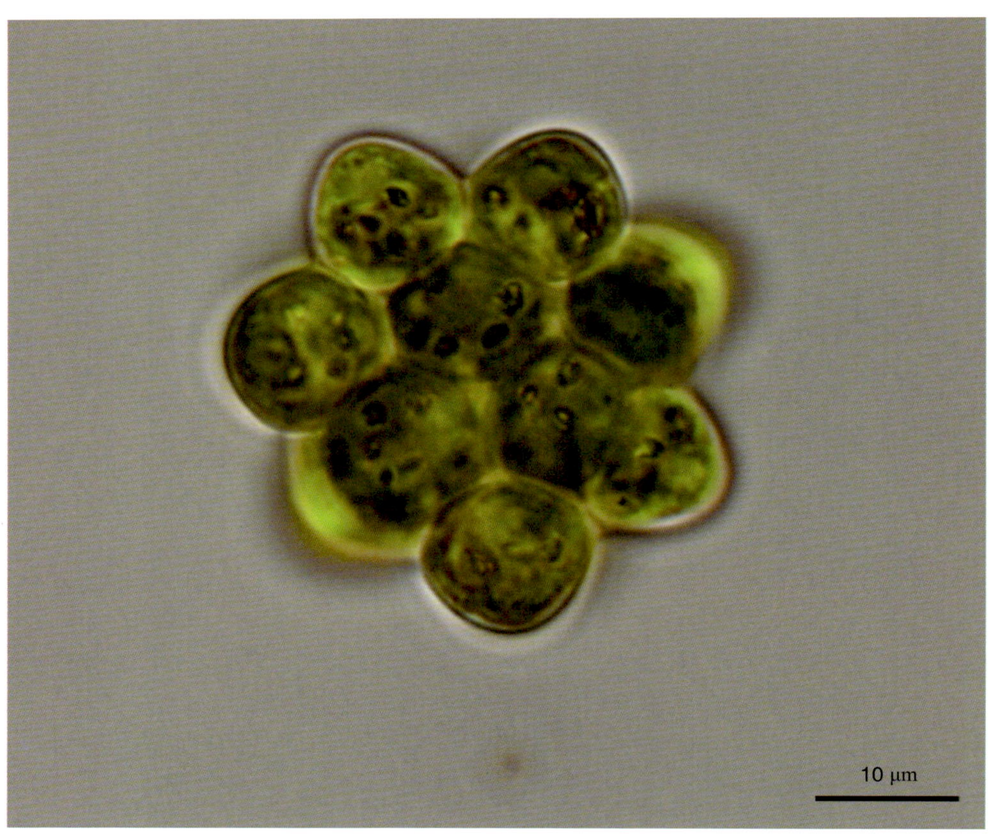

空星藻显微照片

②

中文名称 网状空星藻

拉 丁 名 *Coelastrum reticulatum* (Dang.) Senn

生物学特征 真性定形群体，球形，由8个、16个、32个、64个细胞组成，相邻细胞间以5~9个细胞壁的长凸起相连，细胞间隙大，常为不规则的复合群体；细胞形态球形，具有一层薄的胶鞘。细胞群体直径约13 μm。

生 境 湖泊、水库、池塘中常见的浮游种类。在本系统中该种类出现在杀虫剂处理组（P1）。

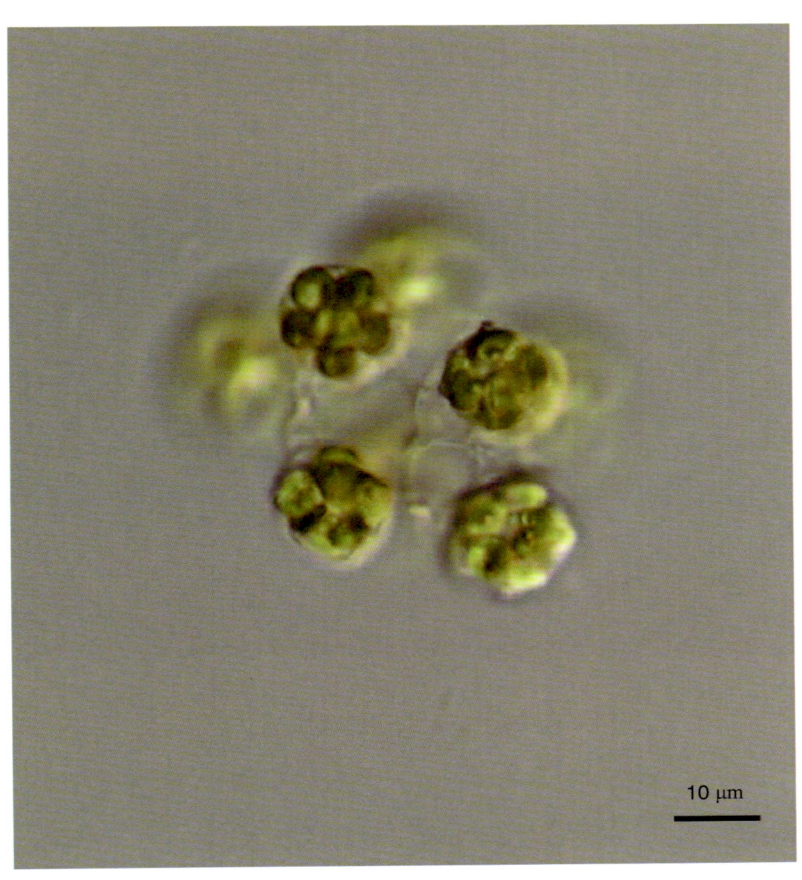

网状空星藻显微照片

11 鞘藻科 Scenedesmaceae
鞘藻属 *Oedogonium* Link

中文名称　鞘藻

拉　丁　名　*Oedogonium* sp. Link

生物学特征　植物体不分枝，营养细胞形态为圆柱形，在有些种类上端膨大，或两侧呈波状，顶端细胞的末端呈钝圆形、短尖形或变成毛样；卵孢子囊单生，倒卵状椭圆形；细胞长33～47 μm，宽26～30 μm。

生　　　境　广泛分布在稻田、水沟及池塘等各种水体中。在本系统中该种类出现在升温处理组（W1和W3）。

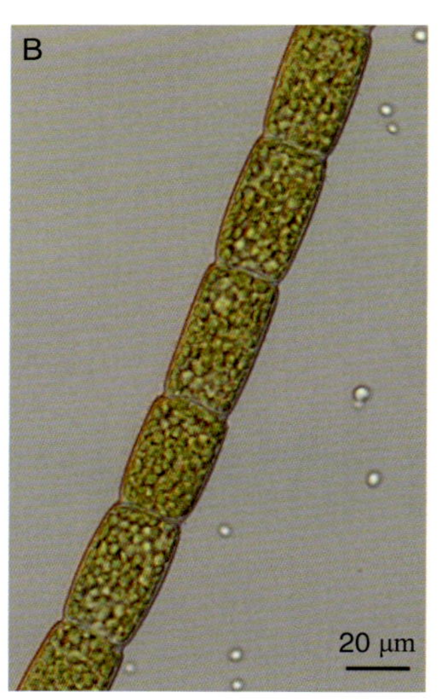

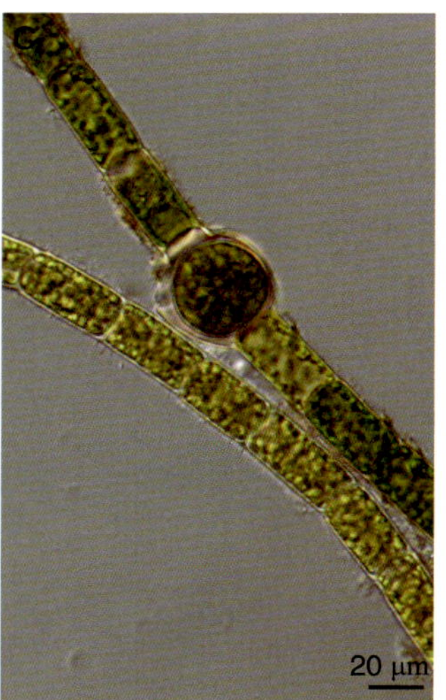

鞘藻显微照片

A：营养细胞壁光滑及蛋白核；B：营养细胞内的颗粒状结构；C：卵孢子囊结构

12 刚毛藻科 Cladophoraceae
根枝藻属 *Rhizoclonium* Kütz

中文名称 根枝藻

拉 丁 名 *Rhizoclonium* sp. Kütz

生物学特征 植物体粗壮、漂浮或着生。不分枝或具短的根状分枝，偶尔具长的多细胞分枝，但无明显的基部和顶端的分化。细胞形态为短的或长的圆柱形，很少向一侧膨大；大多数种类的细胞壁厚而分层，色素体周生、盘状，具有多个蛋白核。细胞长 26～48 μm，宽 18～22 μm。

生 境 常缠绕在池塘、稻田和湖泊的沉水植物上。在本系统中该种类出现在对照组（C1）。

根枝藻显微照片
A：20 倍镜下细胞形态；B：40 倍镜下细胞形态

13 鼓藻科 Desmidiaceae

（1）鼓藻属 *Cosmarium* Corda ex Ralfs

①

中文名称 鼓藻

拉 丁 名 *Cosmarium* sp. Corda ex Ralfs

生物学特征 单细胞，缢缝深凹入，狭线形或张开；半细胞正面观半圆形，顶缘圆，半细胞缘边平滑；半细胞侧面观多为椭圆形或卵形；色素体周生或轴生，每个半细胞具有2个；细胞长24～80 μm，宽16～46 μm。

生 境 分布广泛，生长在水坑、池塘、湖泊、水库等水体中。在本系统中该种类属于常见种。

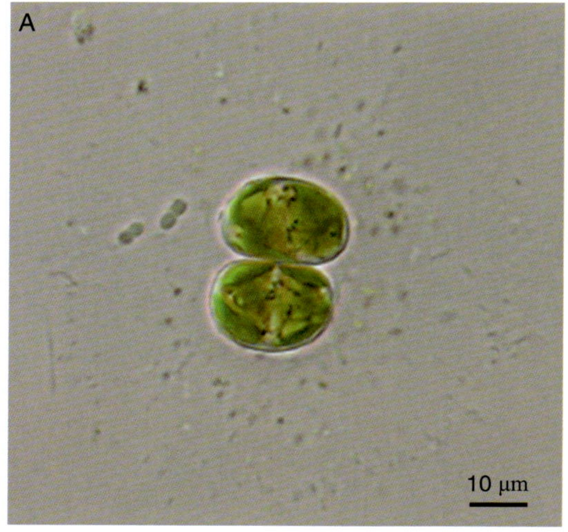

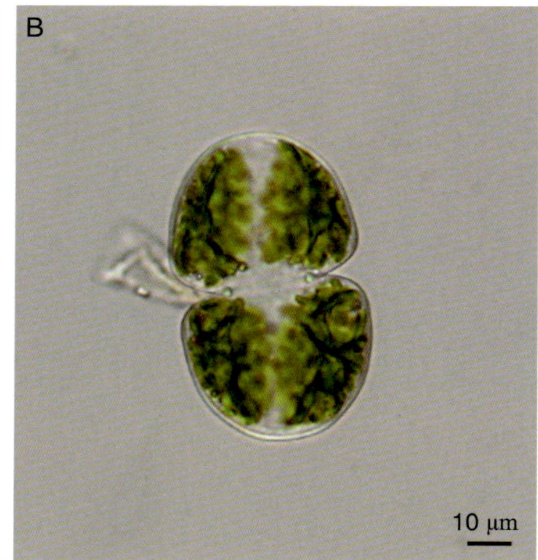

鼓藻显微照片

②

中文名称 近膨胀鼓藻

拉 丁 名 *Cosmarium subtumidum* Nordstedt

生物学特征 细胞长为宽的 1.14～1.2 倍，缢缝深凹，顶端略膨大，半细胞正面观截顶角锥形到半圆形。半细胞具有 1 个轴生的色素体，其中央有 1 个蛋白核。细胞长 29～75 μm，宽 20～65 μm。

生 境 生长在各种营养型的水体中。在本系统中该种类属于常见种。

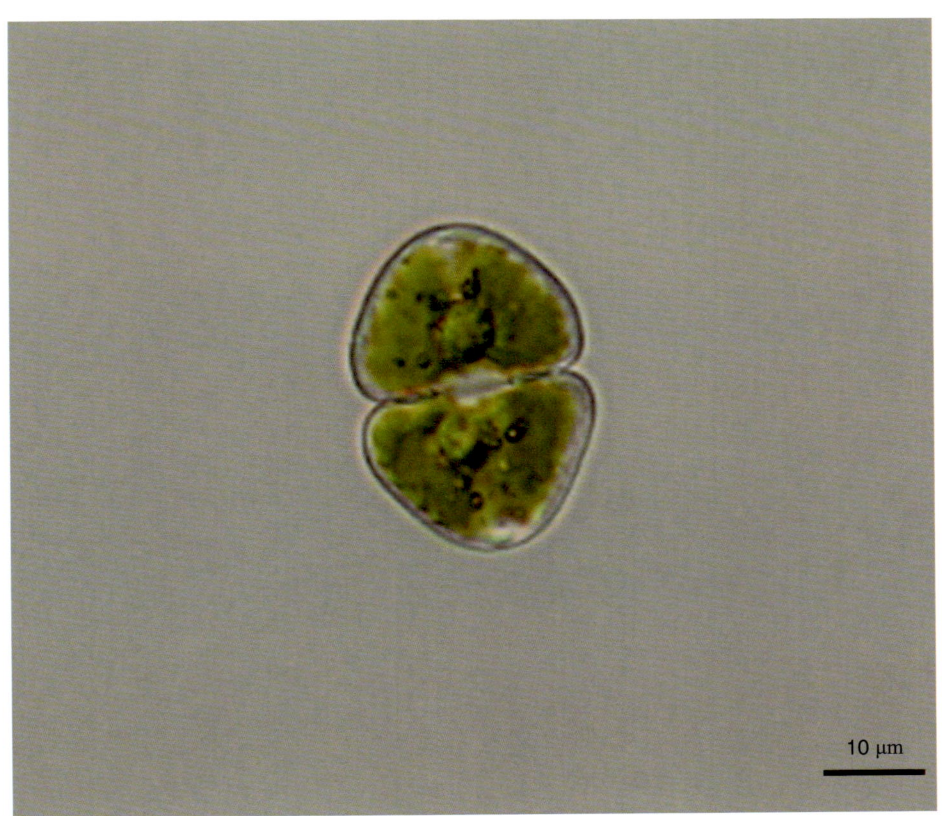

近膨胀鼓藻显微照片

③

中文名称 方鼓藻

拉 丁 名 *Cosmarium quadrum* Lundell

生物学特征 细胞长呈方形，长约等于或略大于宽，缢缝深凹，狭线形，外端略膨大；半细胞正面观近横长方形，细胞壁具有密集的颗粒。半细胞有 1 个轴生的色素体，有 2 个蛋白核。细胞长 57～92 μm，宽 52～92 μm。

生　　境 生长在中营养型的池塘、稻田、湖泊、水库等水体中。在本系统中该种类出现在升温处理组（W2）。

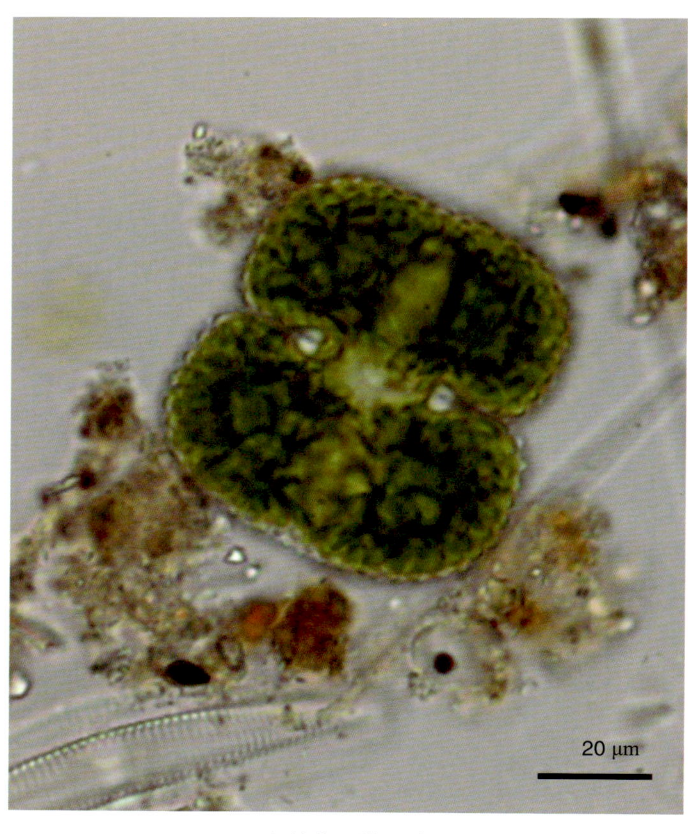

方鼓藻显微照片

（2）角星鼓藻属 *Staurastrum* Meyen ex Ralfs

①

中文名称 角星鼓藻

拉丁名 *Staurastrum* sp. Meyen ex Ralfs

生物学特征 单细胞，一般长略大于宽，绝大多数种类辐射对称，中间缢将细胞分成两部分，多数缢缝深凹，从内向外张开成锐角，有时为狭线形；半细胞正面观半圆形、椭圆形、圆柱形、梯形等；垂直面多数为三角形或五角形；细胞壁平滑，具有点纹、颗粒及各种刺或瘤。半细胞一般有 1 个轴生色素体，中央有 1 个蛋白核。细胞长约 39 μm，宽约 24 μm。

生境 通常生长在水坑、池塘、湖泊和沼泽等水体中。在本系统中该种类出现在升温和杀虫剂双重处理组（WP5）。

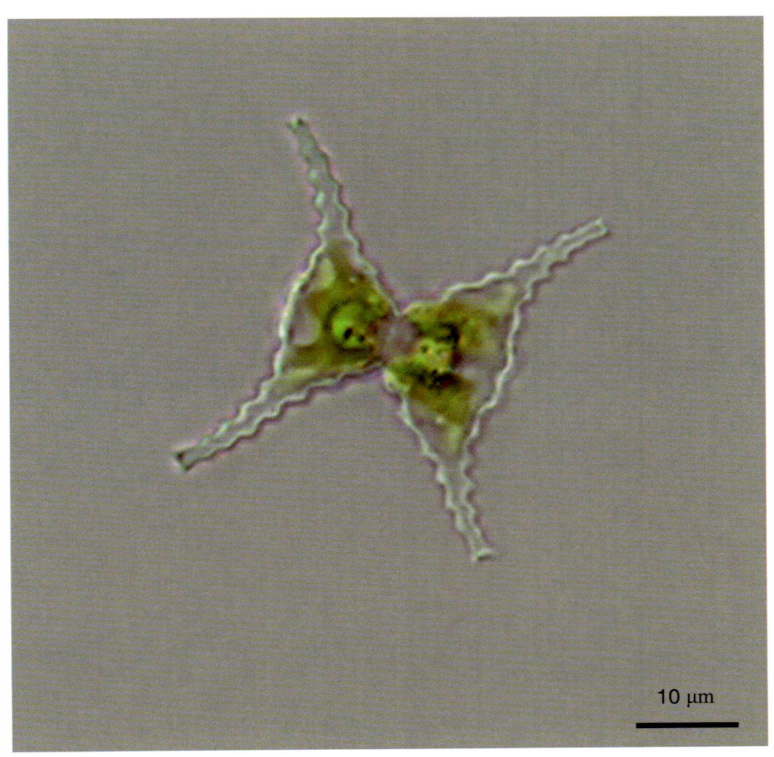

角星鼓藻显微照片

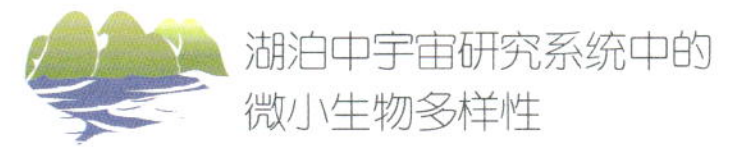

②

中文名称　成对角星鼓藻

拉丁名　*Staurastrum gemelliparum* Nordstedt

生物学特征　浮游性，细胞小，长约等于或略大于宽，缢缝深凹，向外张开成锐角；半细胞正面观近椭圆形，侧角有2个水平方向的短凸起，顶角有2个斜向上的、短而强壮的副凸起，末端有2～3个刺。细胞长约30 μm，宽约20 μm。

生境　通常生长在水沟、池塘、湖泊和沼泽等水体中。在本系统中该种类出现在升温和杀虫剂双重处理组（WP5）。

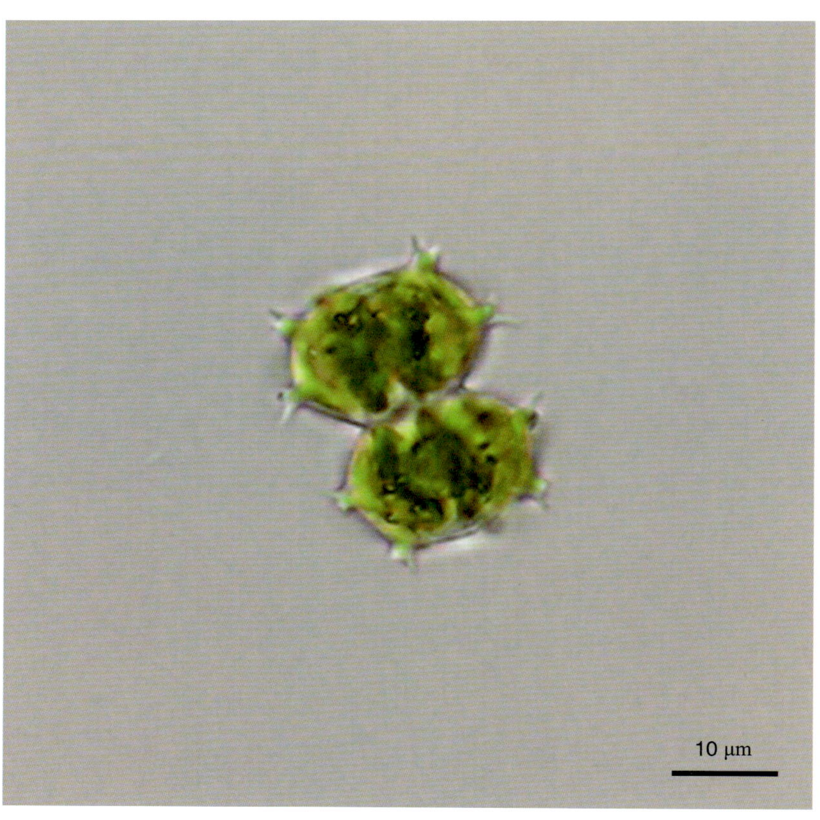

成对角星鼓藻显微照片

③

中文名称 钝角角星鼓藻

拉 丁 名 *Staurastrum retusum* Turner

生物学特征 细胞小，长略大于宽，缢缝深凹，狭线形，外端略扩大；半细胞正面观短截顶角锥形到梯形，顶端略凹入，顶角略圆；细胞壁具有穿孔纹，每个角上较明显。细胞长约 50 μm，宽约 30 μm。

生 境 通常生长在池塘、水坑、湖泊和沼泽等水体中。在本系统中该种类出现在对照组（C6）。

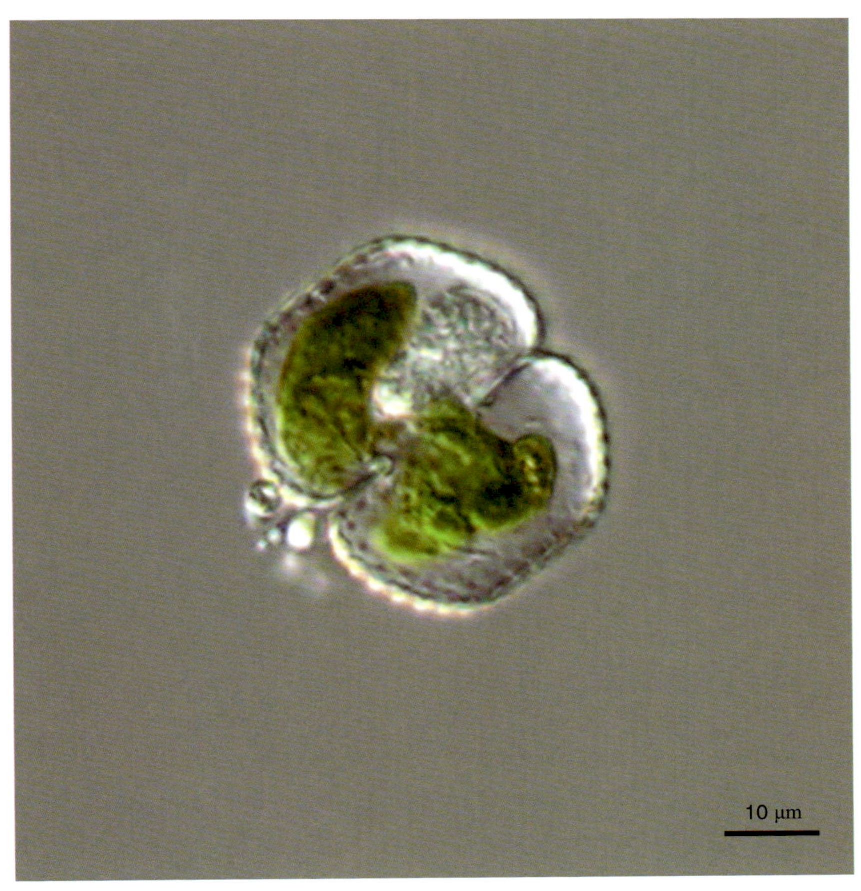

钝角角星鼓藻显微照片

④

中文名称　曼弗角星鼓藻

拉　丁　名　*Staurastrum manfeldtii* Delponte

生物学特征　细胞中等大小，宽约为长的1.3倍，缢缝浅凹入，顶端尖；半细胞正面观近楔形或杯形，顶端略凸出或平直，顶角水平方向或略向下延长形成波状的长突起，具有数轮小齿，末端具有3~4个齿；垂直面观三角形或四角形。细胞长23~80 μm，包括突起宽38.5~101 μm。

生　　境　通常生长在水坑、池塘、湖泊和沼泽等水体中。在本系统中该种类出现在升温处理组（W1）。

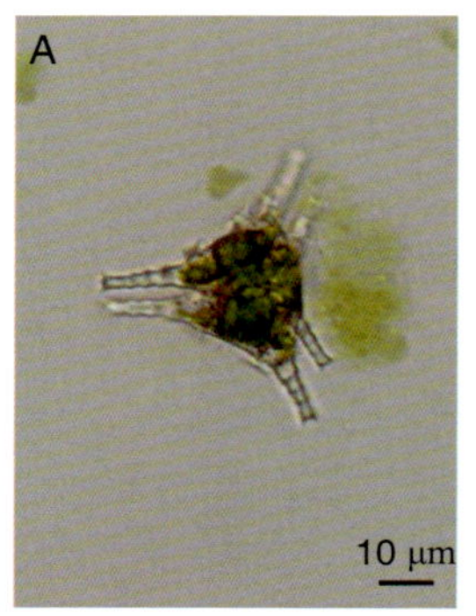

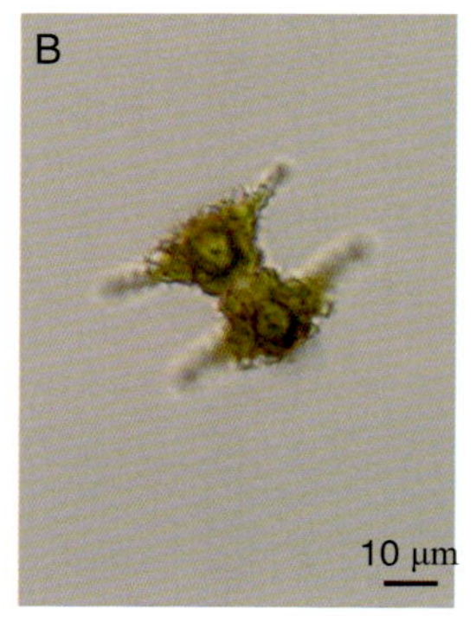

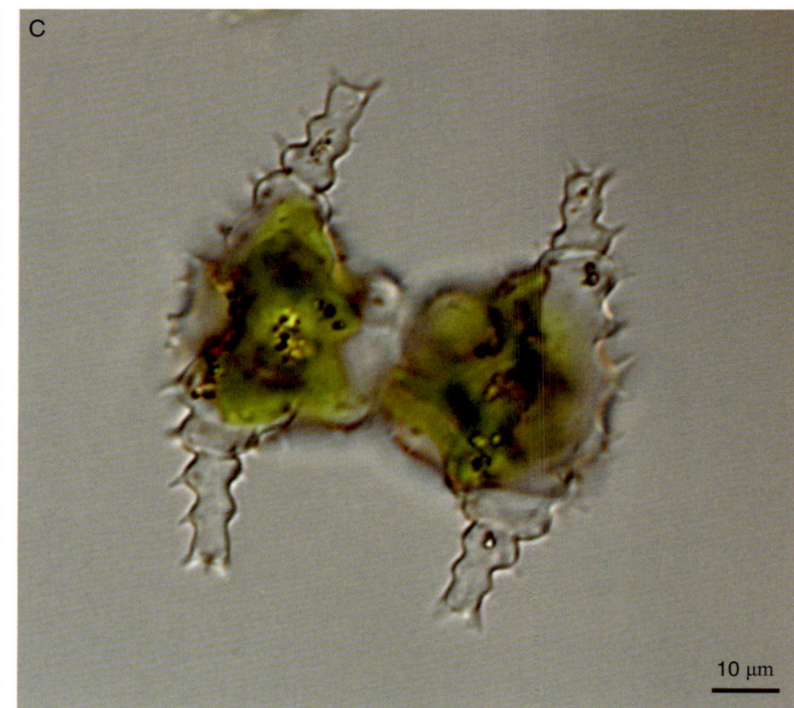

曼弗角星鼓藻显微照片

（3）新月藻属 *Closterium* Nitzsch

中文名称 纤细新月藻

拉丁名 *Closterium gracile* Brébisson

生物学特征 细胞小，细长，线形，细胞长度一半以上的两侧缘近平行，顶端钝圆；细胞壁平滑，有中间环带，环带有时不明显；色素体中轴有一纵列 4～7 个蛋白核；细胞长 211～784 μm，宽 6.5～18 μm。

生境 多生长于湖泊、池塘和沼泽等水体中。在本系统中该种类出现在升温和杀虫剂双重处理组（WE6）。

纤细新月藻显微照片

硅藻门

1 圆筛藻科 Coscinodiscaceae

（1）直链藻属 *Melosira* Agardh

中文名称　直链藻

拉丁名　*Melosira* sp. Agardh

生物学特征　群体链状，细胞彼此紧密连接；群体细胞形态多数为圆柱形，壳面圆形，不具有棘或刺。带面常有环沟，色素体盘状、多数；细胞宽约 13 μm，高约 19 μm。

生境　广泛分布于湖泊、池塘和水坑等各种浅水水体中。在本系统中该种类属于常见种。

直链藻显微照片

（2）沟链藻属 *Aulacoseira* Thwaites

①

中文名称 颗粒沟链藻

拉丁名 *Aulacoseira granulata* (Ehrenberg)Simonsen

生物学特征 群体长链状，细胞圆柱形，壳盘面平，具有散生的圆点纹，两端细胞具有不规则的长刺；壳套面发达，壳壁厚；细胞直径 4.5～21 μm，高 5～24 μm。

生境 广泛分布于江河、湖泊、池塘等各种水体中。在本系统中该种类属于常见种。

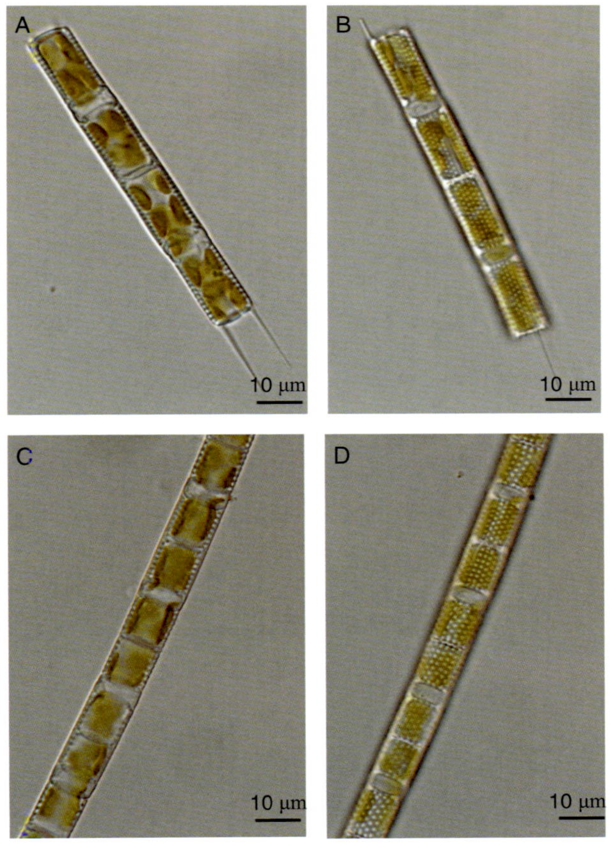

颗粒沟链藻显微照片

A、C：细胞整体形态、色素体形状及细胞两端的长刺；B、D：细胞壳面的圆点纹

②

中文名称 颗粒沟链藻极狭变种

拉 丁 名 *Aulacoseira granulata* var. *angustissima* O. Müller

生物学特征 群体长链状且细长，细胞以壳盘缘刺彼此紧密连成；群体细胞形态为圆柱形，壳盘面平，具有散生的圆点纹，两端细胞具有不规则的长刺；壳体高度大于直径的几倍最大至 10 倍。壳套面发达，壳壁厚；细胞直径 3～4.5 μm，高 11.5～17 μm。

生 境 广泛分布于江河、湖泊、池塘等各种水体中。在本系统中该种类属于常见种。

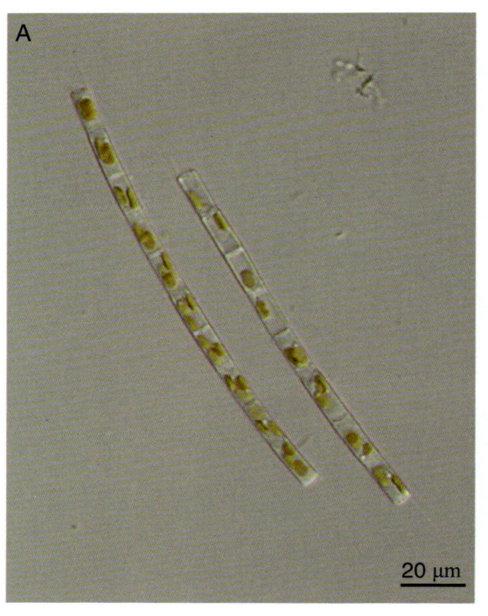

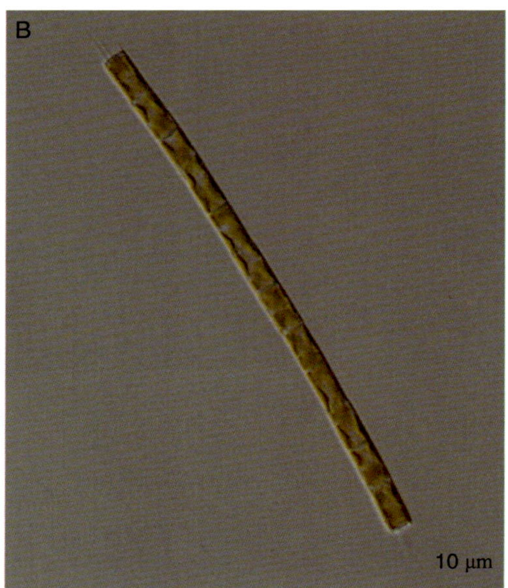

颗粒沟链藻极狭变种显微照片

③

中文名称 颗粒沟链藻极狭变种螺旋变型

拉　丁　名 *Aulacoseira granulate* var. *angustissima* f. *spiralis* Hustedt

生物学特征 群体长链状，弯曲形成螺旋形，细胞以壳盘缘刺彼此紧密连成；群体细胞形态为圆柱形，壳盘面平，具有散生的圆点纹，两端细胞有不规则的长刺；壳体高度大于直径的几倍，最多至 10 倍。壳套面发达，壳壁厚；细胞直径 2.5～5.5μm，高 7.5～19.5μm。

生　　　境 广泛分布于江河、湖泊、池塘等各种水体中。在本系统中该种类属于常见种。

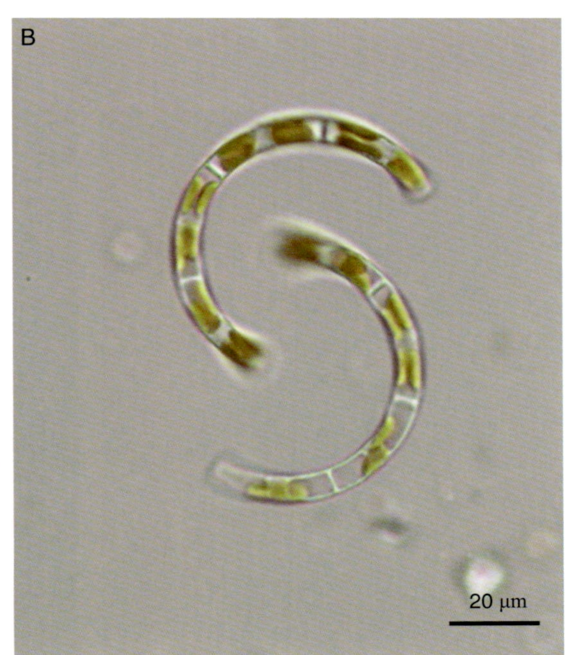

颗粒沟链藻极狭变种螺旋变型显微照片
A：细胞整体形态和色素体形状；B：群体细胞形态

（3）小环藻属 *Cyclotella* (Kützing) Brébisson

中文名称　小环藻

拉　丁　名　*Cyclotella* sp.(Kützing)Brébisson

生物学特征　单细胞或由胶质或小棘连接成疏松的链状群体，多浮游；细胞形态为鼓形，壳面圆形，很少椭圆形，呈同心圆褶皱的同心波曲，或与切线平行褶皱的切向波曲，绝少平直；纹饰具有边缘区和中央区之分，边缘区具有有辐射状线纹或肋纹，中央区平滑或有点纹、斑纹，部分种类壳缘具有小棘；少数种类带面具有间生带；色素体小盘状，多数；细胞直径约 20 μm。

生　　　境　广泛分布于湖泊、池塘和水坑等各种浅水水体中。在本系统中该种类属于常见种。

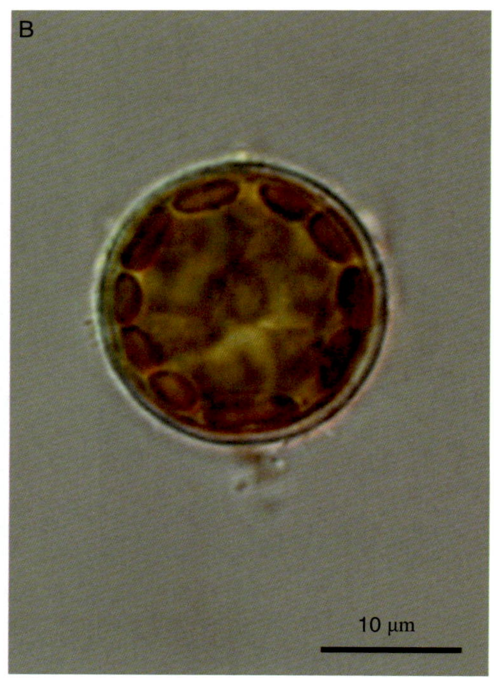

小环藻显微照片
A：细胞带面观；B：细胞壳面观及色素体分布

2 脆杆藻科 Fragilariaceae

（1）脆杆藻属 *Fragilaria* Lyngbye

中文名称 脆杆藻

拉丁名 *Fragilaria* sp. Lyngbye

生物学特征 细胞常相互连成带状群体，壳面呈线形或披针形；两侧对称，中部边缘略膨大或收缢，两侧逐渐狭窄，末端钝圆。上下壳的假壳缝狭线形或宽披针形；带面长方形，无间生带和隔膜。色素体盘状或片状、多数；细胞宽约 17 μm，高约 4 μm 。

生境 广泛分布于湖泊、池塘和水坑等各种浅水水体中。在本系统中该种类出现在升温处理组（W1）。

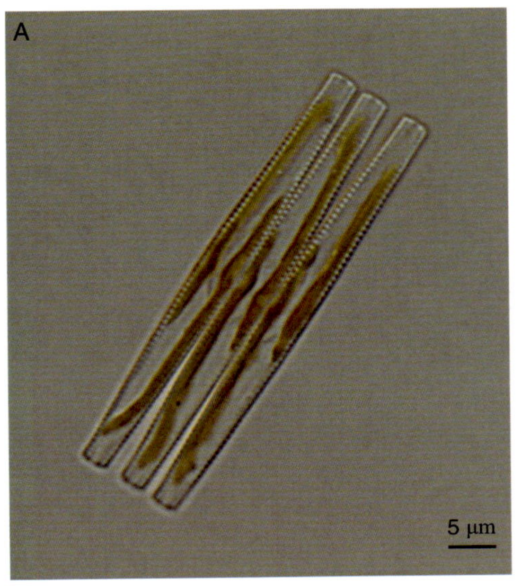

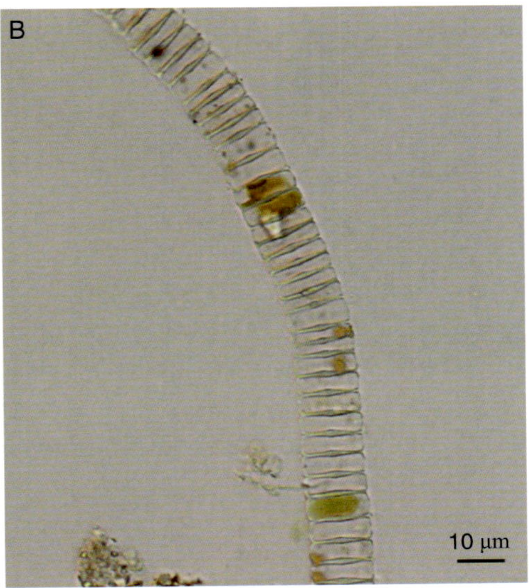

脆杆藻显微照片

（2）针杆藻属 *Synedra* Ehrenberg

中文名称　针杆藻

拉丁名　*Synedra* sp. Ehrenberg

生物学特征　单细胞或丛生呈扇形或以细胞一端相连成放射状群体；壳面线形或长披针形，从中部向两端渐窄，末端钝圆或呈小头状；假壳缝狭、线形，其两侧具有横线纹或点纹，壳面中部常无花纹；带面长方形、末端截形，具有明显线纹带；无间插带和隔膜；壳面末端有或无黏液孔；色素体带状，位于细胞的两侧、片状，2 个；细胞长为 40～150 μm，宽为 2～6 μm 。

生境　广泛分布于湖泊、池塘和水坑等各种浅水水体中。在本系统中该种类属于常见种。

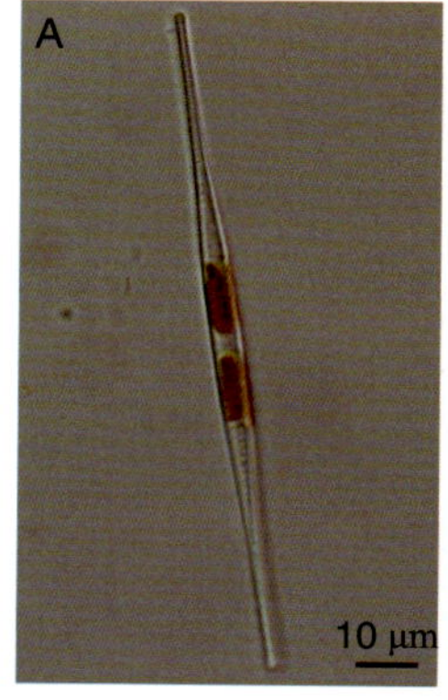

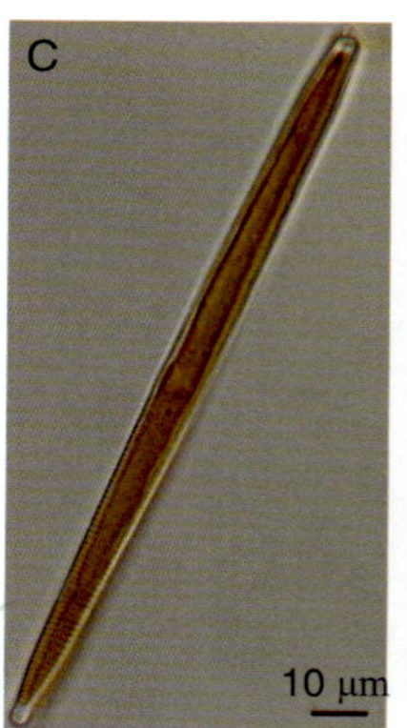

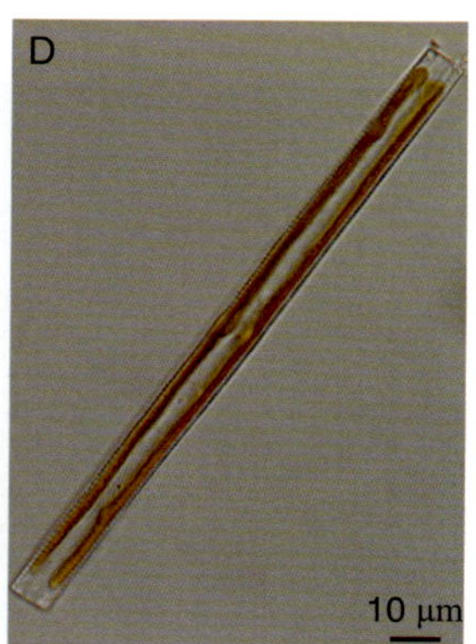

针杆藻显微照片

A、B、C：细胞壳面观和色素体分布；D：细胞带面观和色素体分布

3 舟形藻科 Naviculaceae 羽纹藻属 *Pinnularia* Ehrenberg

中文名称 羽纹藻

拉 丁 名 *Pinnularia* sp. Ehrenberg

生物学特征 单细胞或连成带状群体，上下左右均对称；壳面线形、椭圆形或披针形，两侧平行，少数种类两侧中部膨大或呈对称的波状，两端头状、原状，末端钝圆；中轴区狭线形、宽线形或宽披针形；中央区圆形、椭圆形、菱形等，具有中央节和极节；壳缝发达，或直或弯曲；带面长方形，无间生带和隔片；色素体片状 2 个；细胞长约 55 μm，宽约 5 μm。

生 境 广泛分布于稻田、湖泊、池塘和水库等水体中。在本系统中该种类出现在升温和富营养化双重处理组（WE3 和 WE4）。

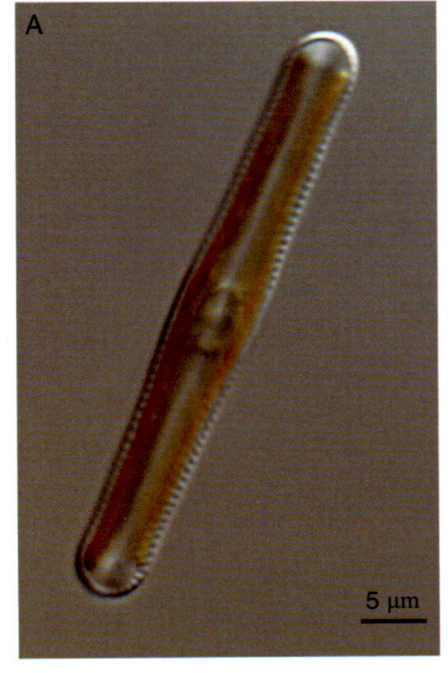

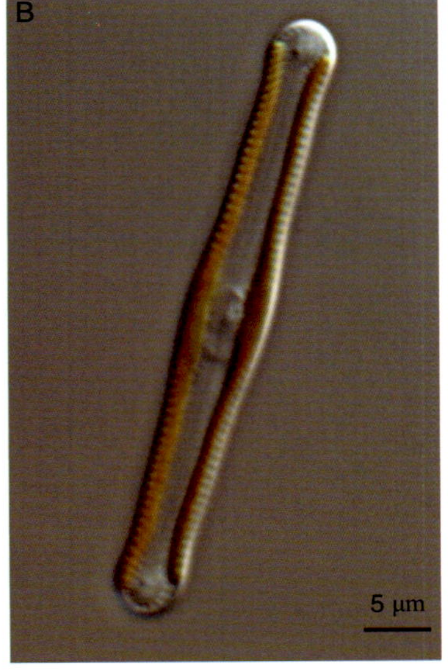

羽纹藻显微照片

A：细胞壳面观和中央节结构；B：细胞色素体形态和壳缝结构

4 桥弯藻科 Cymbellaceae
桥弯藻属 *Cymbella* Agardh

中文名称　桥弯藻

拉丁名　*Cymbella* sp.Agardh

生物学特征　单细胞，浮游或着生；形态为新月形、线形、半椭圆形或舟形；壳面具有明显的背腹两侧，背侧凸出，腹侧平直或中部略凸出；末端钝圆或渐尖，中轴区两侧略不对称；壳缝略弯曲，具有中央节和极节；带面长方形，两侧平行；具有 1 个侧生片状色素体；细胞长 37～80 μm，宽 14～20 μm 。

生境　广泛分布于稻田、湖泊、池塘和水库等水体中。在本系统中该种类属于常见种。

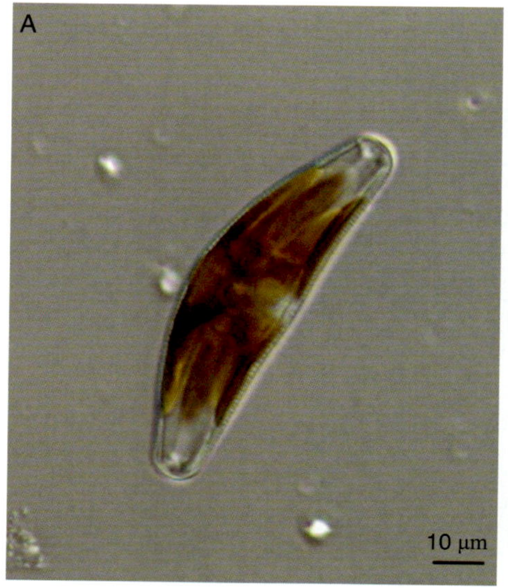

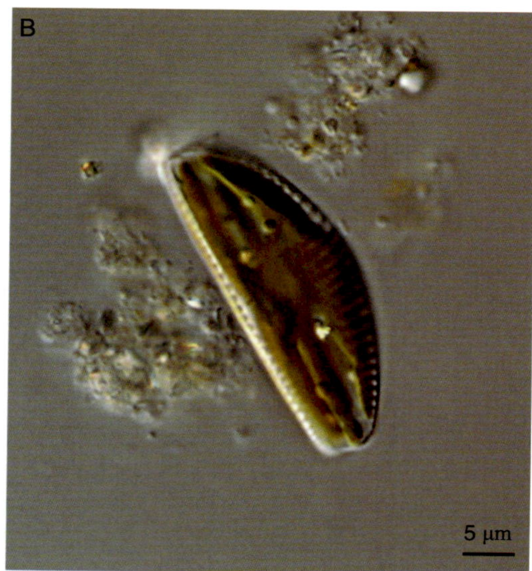

桥弯藻显微照片

异极藻科 Gomphonemaceae
异极藻属 *Gomphonema* Ehrenberg

中文名称 异极藻

拉丁名 *Gomphonema* sp. Ehrenberg

生物学特征 单细胞，浮游；壳面上下两端不对称，上端宽于下端，两侧对称，呈棒形、披针形、楔形；具有中央节和极节；带面多呈楔形，末端截形，无间生带；具有1个侧生片状色素体。

生境 广泛分布于各种水体中。在本系统中该种类属于常见种。

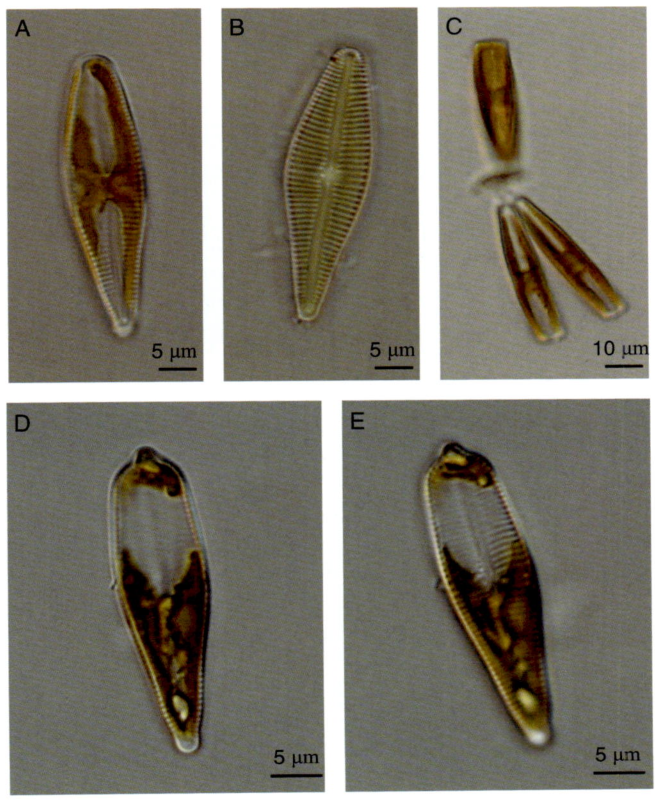

异极藻显微照片

A、D：细胞整体形态和色素体形状；B、E：细胞壳面带纹；C：带面观及群体细胞形态

6 曲壳藻科 Achnanthaceae
卵形藻属 *Cocconeis* Ehrenberg

中文名称 卵形藻

拉 丁 名 *Cocconeis* sp. Ehrenberg

生物学特征 单细胞；壳面椭圆形，上下壳外形相同，一壳具有假壳缝，另一壳具有直的壳缝，具有中央节和极节；假壳缝或壳缝两侧具有横线纹或点纹；具有色素体片状 1 个，有蛋白核；细胞长 16～25 μm，宽 14～16 μm 。

生 境 广泛分布于湖泊、池塘和水坑等各种浅水水体中。在本系统中该种类出现在对照组（C1）。

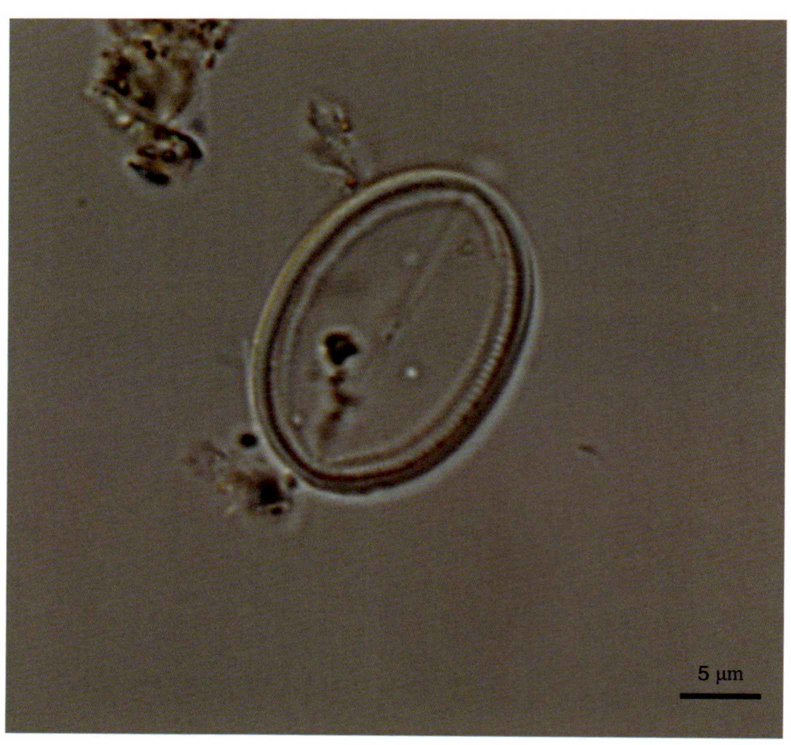

卵形藻显微照片

7 杆状藻科 Bacillariaceae

（1）菱形藻属 *Navicula* Bory

中文名称 菱形藻

拉丁名 *Navicula* sp. Bory

生物学特征 多为单细胞，浮游或附着；细胞纵长，壳面线形、披针形、椭圆形，两侧对称，两端渐尖或钝，末端楔形、喙状，头状等；具有小的中央节和极节；壳面一侧具有龙骨突起，壳面和带面不成直角；色素体侧生、带状，多为2个。

生境 常见于各种水体中。在本系统中该种类属于常见种。

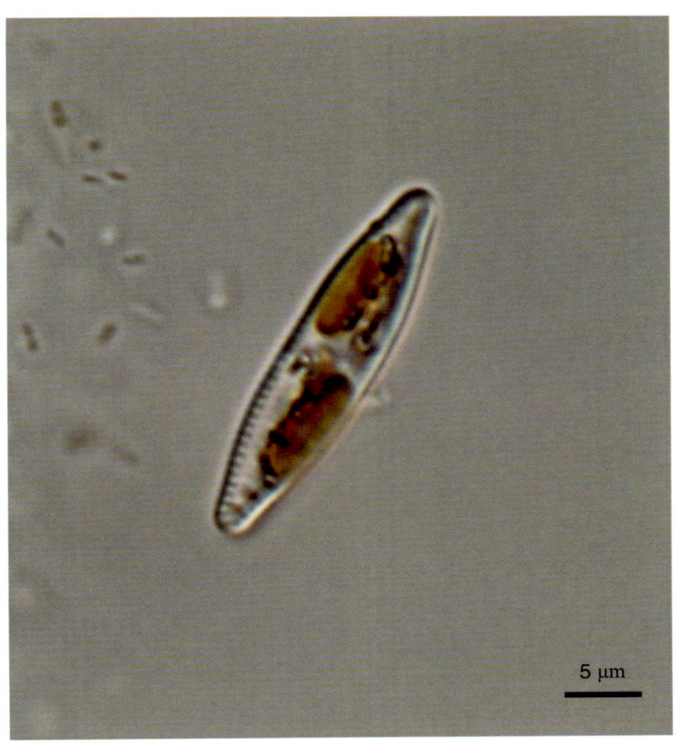

菱形藻显微照片

（2）双菱藻属 *Surirella* Turpin

中文名称　双菱藻

拉丁名　*Surirella* sp. Turpin

生物学特征　单细胞，浮游；壳面线形、椭圆形或卵圆形，平直，中部不缢缩，两端同形，上下两个壳面的龙骨及翼状构造围绕整个壳缘。带面矩形或楔形；具有侧生片状色素体 1 个；细胞长约 65 μm，宽约 18 μm 。

生境　广泛分布于稻田、湖泊、池塘和水库等水体中。在本系统中该种类属于常见种。

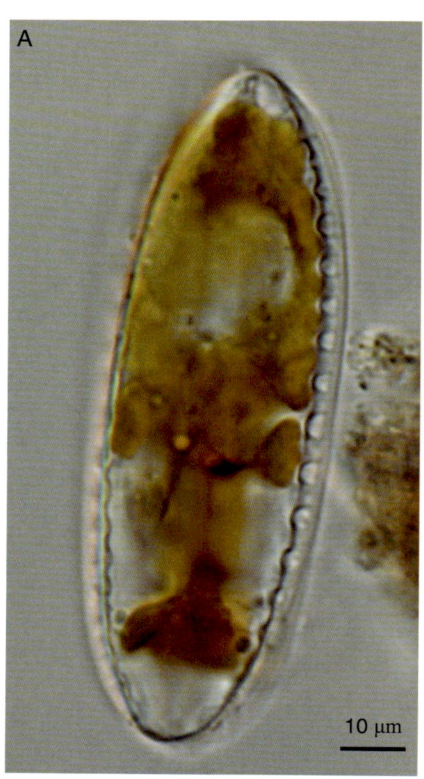

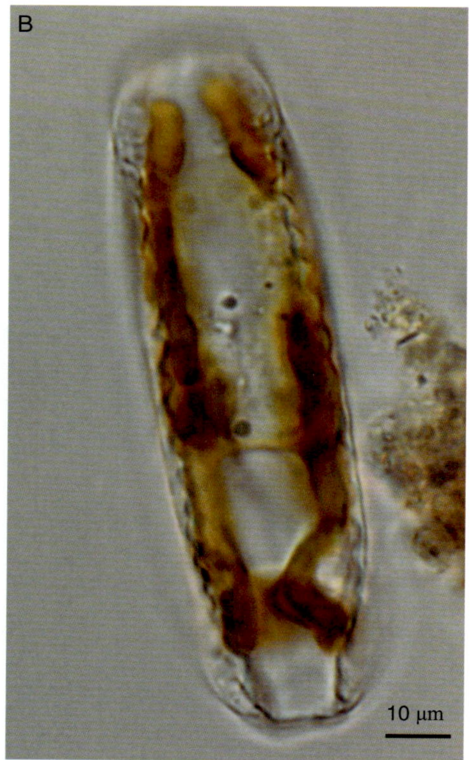

双菱藻显微照片
A：细胞壳面观和龙骨结构；B：细胞带面观及色素体分布

（3）盘杆藻属 *Tryblionella* W. Smith, Syn. Brit. Diat.

中文名称 盘杆藻

拉丁名 *Tryblionella* sp. W. Smith, Syn. Brit. Diat

生物学特征 单细胞，细胞对称，通常示壳面观，壳面粗壮，宽阔，椭圆、线形或提琴形，两极钝圆或尖形；壳面波曲，一侧具有龙骨的壳缝系统，另一侧边缘具有脊与浅的壳套相连；壳缝系统强烈离心，有 2 个质体。壳面长约 66 μm，宽约 26 μm。

生境 常见于各种水体中。在本系统中该种类出现在对照处理组（C4）。

盘杆藻显微照片
A：细胞形态和色素体；B：细胞壳面的条带纹

裸藻门

1 裸藻科 Euglenaceae

（1）裸藻属 *Euglena* Ehrenberg

①

中文名称 裸藻

拉丁名 *Euglena* sp. Ehrenberg

生物学特征 细胞易变形，常为纺锤形或圆柱形，后端常渐尖成尾状或具有尾刺；表质柔软或半硬化，具有螺旋形旋转排列的线纹；色素体具有1个至多个，为星形、线形或盘形，蛋白核或有或无；副淀粉小颗粒状，数量不等；核中位或后位；鞭毛单条，眼点明显 。

生境 常见于池塘、湖泊、溪流等水体中。在本系统中该种类属于常见种。

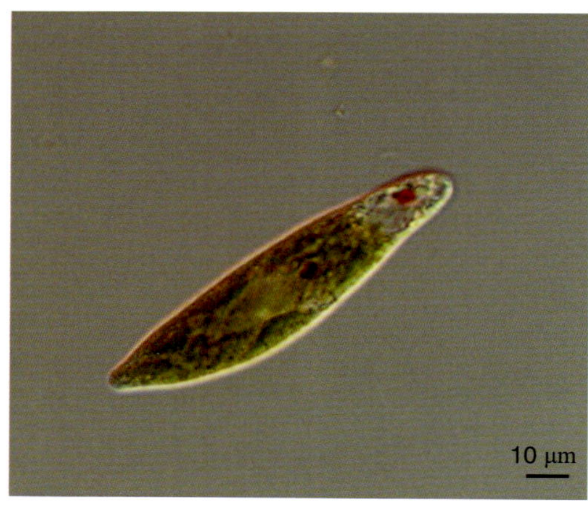

裸藻显微照片

②

中文名称 鱼形裸藻

拉 丁 名 *Euglena pisciformis* Klebs

生物学特征 细胞易变形，常为纺锤形或圆柱形，前端圆形或略斜截，后端圆形或具有短尾突或渐尖成尾状；表质具有自左向右的螺旋线纹；色素体为 2～3 个线状或盘状，周生并与纵轴平行；副淀粉小颗粒状，通常数量不多。核中位或后位；鞭毛为体长的 1～1.5 倍。眼点明显，细胞长约 48 μm，宽约 10 μm 。

生 境 常见于池塘、湖泊、溪流等水体中。在本系统中该种类属于常见种。

鱼形裸藻显微照片
A：细胞正常形态及眼点和鞭毛； B：细胞变成圆形后的形态

③

中文名称 纤细裸藻

拉 丁 名 *Euglena gracilis* Klebs

生物学特征 细胞变形，长圆柱形或狭卵形，前端圆形略窄，后端圆形或短钝尾状。表质具有较明显的自左向右的螺旋形条纹。8～28个色素体呈片状，边缘有裂口。除具有带副淀粉鞘的蛋白核外，还有卵形或盘形的小颗粒。鞭毛为体长的0.5～1倍。眼点明显，核中央位。细胞长35～66 μm，宽8～48 μm。环境不良时可形成孢囊或胶群体，环境适宜，即恢复游动单细胞状态。

生 境 大多数喜欢温暖且有机质丰富的小型静水体环境，较耐污。

纤细裸藻显微照片

④

中文名称 血红裸藻

拉　丁　名 *Euglena sanguinea* sp. Ehrenberg

生物学特征 细胞容易变形，常为圆柱状纺锤形，前端略斜截，后端渐尖呈尾状，表质具有螺旋线纹，色素体呈星状；具有裸藻红素，鞭毛为体长的1～2倍，眼点明显，核中位或中后位；细胞长35～170 μm，宽17～44 μm。

生　　境 多分布在有机质丰富的水池或池塘中，常形成红色的膜状水华。在本系统中该种主要出现在升温以及升温富营养化双重处理的池（E4、WE3、WE4和WE6）。

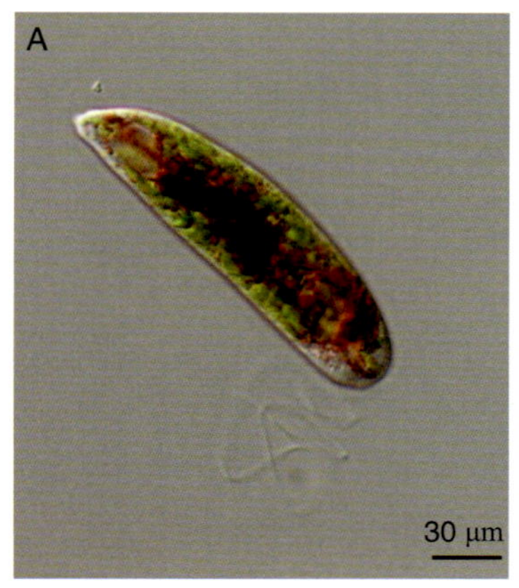

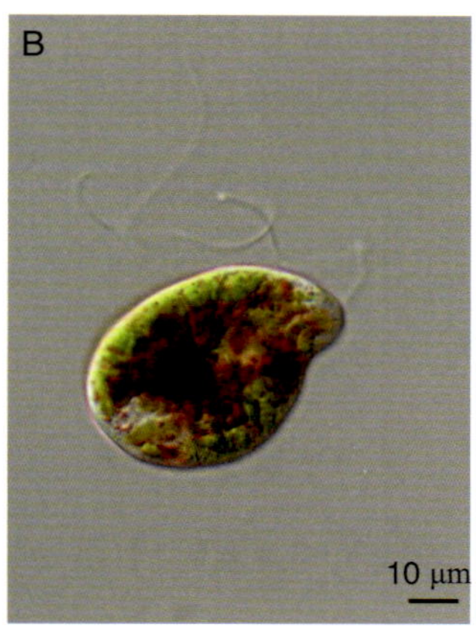

不同形态的血红裸藻显微照片
A：细胞正常形态及眼点和鞭毛；B、C：细胞变形后的形态

⑤

中文名称 三棱裸藻

拉 丁 名 *Euglena tripteris* Klebs

生物学特征 细胞长，三棱形，常沿纵轴扭转，有时直向不扭转，前端钝圆或呈角锥形，后端渐细或收缢成尖尾状；表质具有几乎纵向或自左向右的螺旋线纹；色素体为卵形或盘状，多数，无蛋白核；副淀粉粒 2 个大的呈长杆形，分别位于核的前后两端。核中位；鞭毛为体长的 1/8～1/2。眼点明显呈桃红色，细胞长约 100 μm，宽约 12 μm 。

生 境 常见于池塘等各种静止水体中。在本系统中该种类出现在富营养化处理池（E6）。

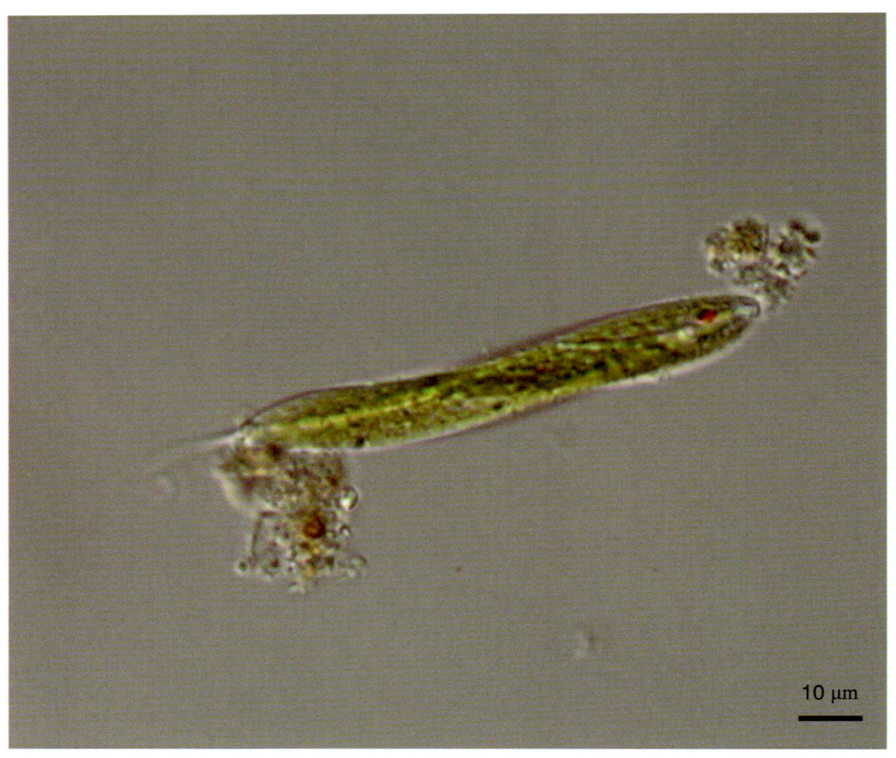

三棱裸藻显微照片

（2）陀螺藻属 *Strombomonas* Deflandre

①

中文名称 陀螺藻

拉丁名 *Strombomonas* sp. Deflandre

生物学特征 细胞具囊壳，囊壳较薄，呈陀螺形、长菱形、椭圆形或纺锤形；前端逐渐收缩呈一长领，领与囊体之间无明显界限，后端渐尖，呈一长尾刺。囊壳的表面光滑或具有皱纹；囊壳长约 32 μm，宽约 13 μm ，领高约 4 μm ，领宽约 5.5 μm，尾刺长约 4 μm。

生境 常见于池塘等静止水体中。在本系统中该种类出现在对照处理池（C1）。

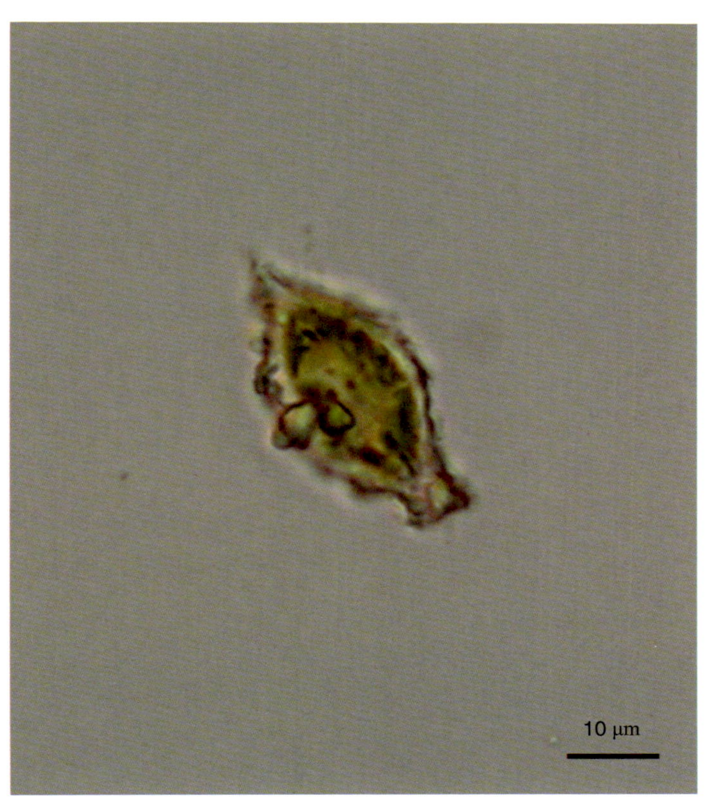

陀螺藻显微照片

②

中文名称　糙膜陀螺藻

拉　丁　名　*Strombomonas schauinslandii* (Lemm) Defl. Arch. Protistenk

生物学特征　囊壳椭圆形，前端具有一圆柱形的直领，较宽领口平截或斜截；后端渐尖，呈楔状尾刺，粗壮而尖。囊壳的表面粗糙，有时具有瘤状突起；绿褐色；囊壳长 26～33 μm，宽 14～20 μm，领高约 6 μm，领宽约 5 μm，尾刺长约 8 μm。

生　　　境　常见于池塘等静止水体中。在本系统中该种类出现在升温处理池（W6）。

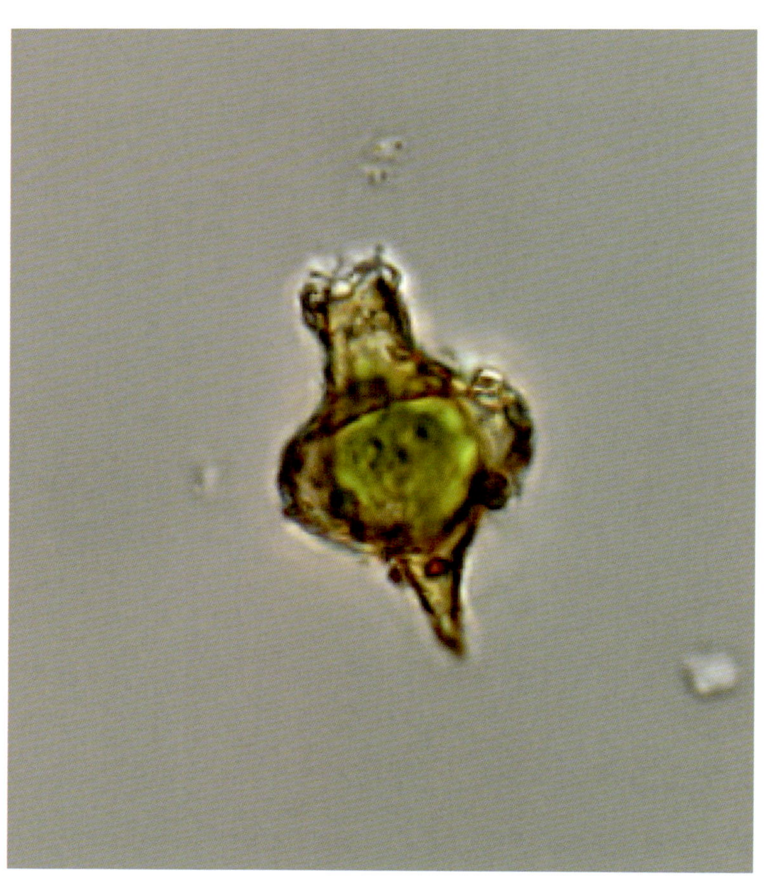

糙膜陀螺藻显微照片

（3）扁裸藻属 *Phacus* Dujardin

①

中文名称 长尾扁裸藻

拉丁名 *Phacus longicaula* Duj

生物学特征 细胞宽卵形或梨形，前端宽圆，后端渐细，有一细长的尾刺；表质具有纵线纹；具有1条鞭毛和眼点；副淀粉1至数个，较大，圆盘形；细胞长85～170 μm，宽40～70 μm。

生境 常见于各种水体中。在本系统中该种类出现在对照处理池（C2和C4）。

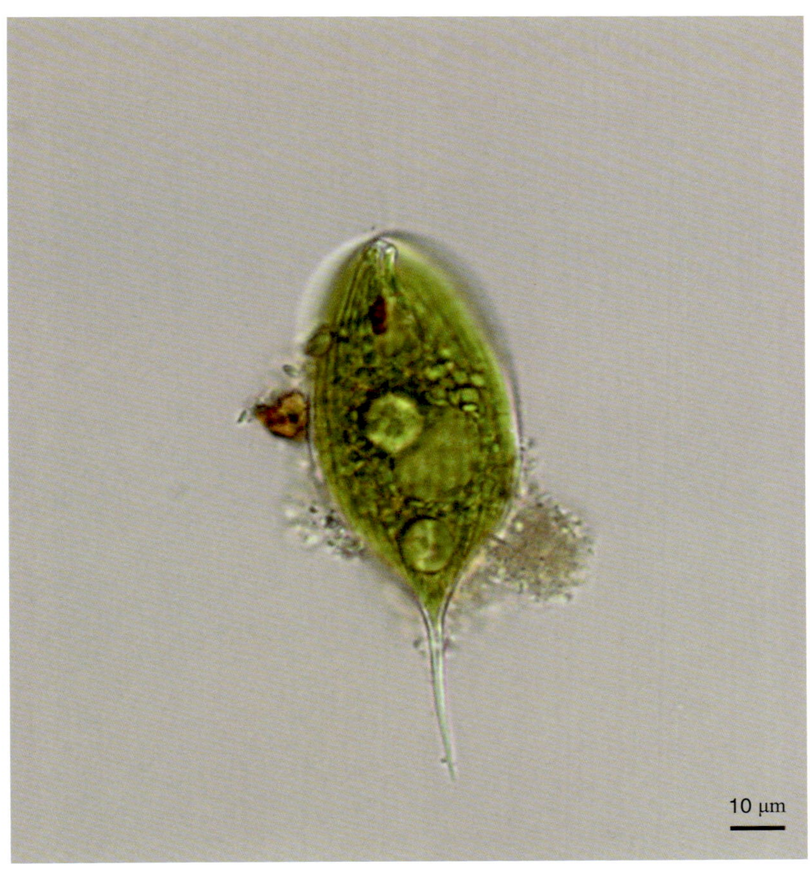

长尾扁裸藻显微照片

②

中文名称　哑铃扁裸藻

拉　丁　名　*Phacus peteloti* Lef

生物学特征　细胞宽卵形或近圆形，有时形状不规则，较厚，前端略窄圆形，顶沟短或达中部，后端宽圆，具有短尾刺，尖锐并向一侧呈钩状弯曲；表质具有纵线纹；副淀粉 1 个，较大，形态为哑铃形或线轴形，有时还有 1 至数个的小颗粒，环形或球形；鞭毛约与体长相等。细胞长约 35 μm，宽约 28 μm 。

生　　境　常见于池塘等各种水体中。在本系统中该种类出现在对照处理池（C6）。

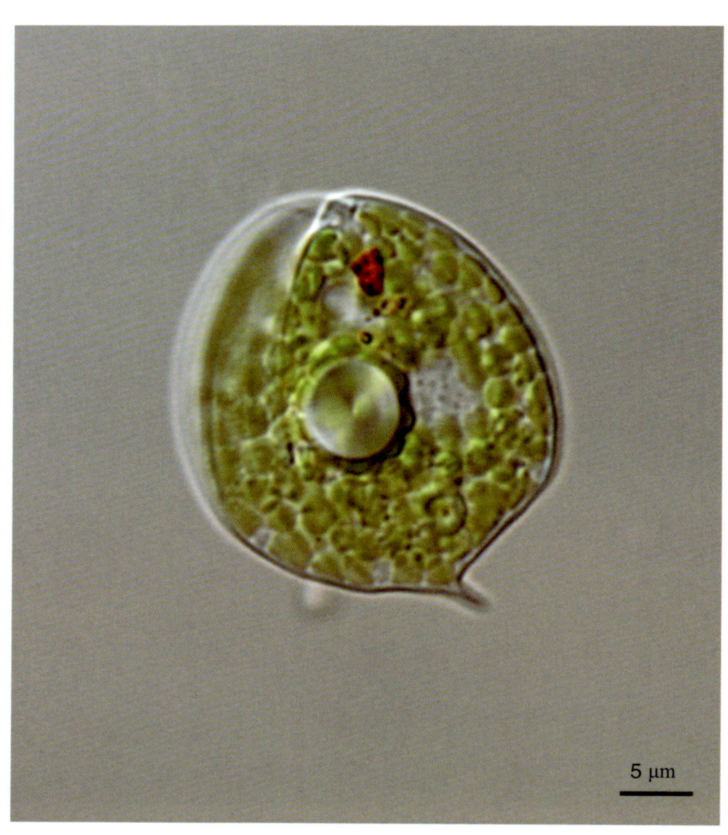

哑铃扁裸藻显微照片

隐藻门

1 隐鞭藻科 Cryptomonadaceae
隐藻属 *Cryptomonas* Ehrenberg

中文名称 隐藻

拉丁名 *Cryptomonas* sp. Ehrenberg

生物学特征 细胞椭圆形、长卵形、豆形等，通常略弯曲。前端斜截形或钝圆，后端为宽圆形或狭的钝圆形。细胞多数略扁平；纵沟、口沟明显；多数具有 2 个色素体，黄绿色或黄褐色；鞭毛 2 条，几乎等长，从口沟伸出，略短于细胞长度，细胞核 1 个，位于细胞后端；细胞大小变化很大，长 20~80 μm，宽 6~20 μm。

生境 常见于池塘、湖泊、鱼池等静止水体中。在本系统中该种类出现在升温和富营养化双重处理池（WE1）。

隐藻显微照片
A：细胞形态、眼点、口沟和鞭毛；B：细胞色素体分布

金藻门

1 棕鞭藻科 Ochromonadaceae
棕鞭藻属 *Ochromonas* Vysotsku

中文名称　棕鞭藻

拉丁名　*Ochromonas* sp. Vysotsku

生物学特征　单细胞，自由运动，细胞裸露，形态为球形、椭圆形、卵形或梨形等，有背腹之分，细胞腹部前端伸出2条不等长的鞭毛，具有1到数个伸缩泡，通常具有1个眼点，色素体周生1个或2个、片状，金褐色，少数绿色，具有金藻昆布糖。细胞长约8 μm，宽约6 μm。

生境　生长在池塘、湖泊、沼泽等淡水水体中。在本系统中该种类出现在杀虫剂处理池（P2）。

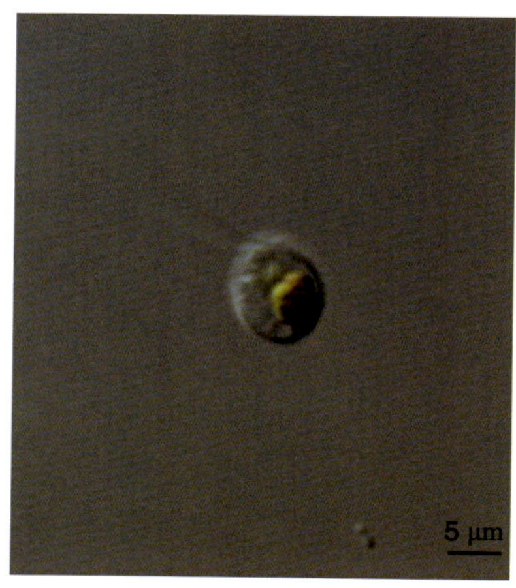

棕鞭藻显微照片

2 金柄藻科 Stylococcaceae
金瓶藻属 *Lagynion* Pascher

中文名称 细颈金瓶藻

拉丁名 *Lagynion ampullaceum* Pascher

生物学特征 囊壳葫芦形或球形，前端有1个长圆柱形的细颈，底部平圆形；原生质体球形，色素体周生1个、片状，线形伪足从囊壳顶部伸出后呈分叉状。囊壳长7～7.5 μm，宽5～5.5 μm，颈部长2～2.5 μm。

生境 一般着生于丝状藻类或其他藻体上，生长在池塘、湖泊、特别在偏酸性的水体中。在本系统中该种类出现在对照处理池（C1）。

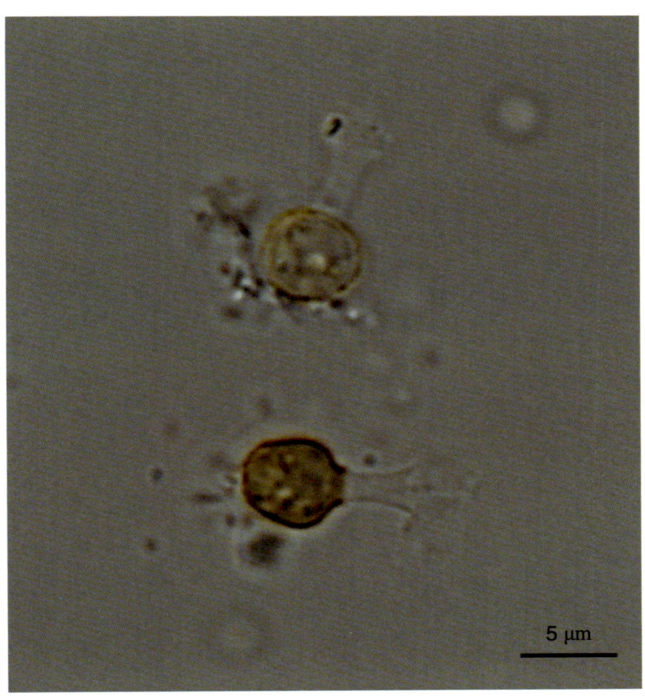

细颈金瓶藻显微照片

黄藻门

1 葡萄藻科 Botryococcaceae
葡萄藻属 *Botryococcus* Kütz

中文名称　葡萄藻

拉　丁　名　*Botryococcus braunii* Kütz

生物学特征　浮游的细胞群体，无一定形态，细胞形态为椭圆形，很少为球形，常 2 个或 4 个为一组，多数包被在不规则分枝或分叶的、半透明的胶群体胶被的顶端；色素体 1 个，杯状或叶状，黄绿色；细胞长 6～12 μm，宽 3～6 μm。

生　　境　多生长在湖泊、沼泽等淡水水体中。在本系统中该种类出现在杀虫剂处理池（P2）。

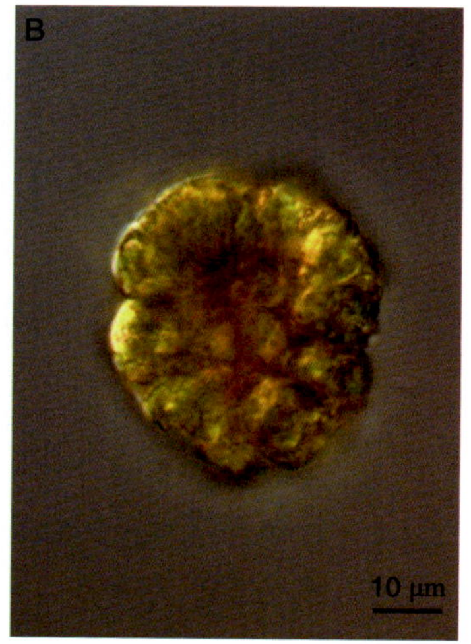

葡萄藻显微照片

A：40 倍镜下群体细胞形态；B：100 倍镜下群体细胞形态

浮游动物简介

浮游动物（zooplankton）是指一类悬浮于水中的水生生物，通常个体微小，自主游动能力弱，多数只能随水流移动。它们几乎在所有水体中都有分布，甚至在冰雪、水滴中也能发现它们的踪迹。浮游动物在水生态系统中扮演着一个不可或缺的角色。多数浮游动物作为初级消费者以藻类为食，将微藻等体型微小、不便于更高营养级获取的营养物质转换为自身的能量，本身又可以被鱼、虾、蟹等摄食，具有承上启下的关键作用；也有一些浮游动物可以分解有机碎屑，作为分解者保证水生态系统物质循环的正常进行。以藻类为食的浮游动物在很大程度上可以控制水体中小型微藻的数量，防止微藻的大规模暴发形成水华，维持水体的生态平衡。有研究表明，浮游动物也可以加快水体中氮磷等元素的转化速率。相较于高等水生生物而言，浮游动物为典型的 *r*- 对策者，个体微小、寿命较短、可在短时间内大量繁殖，同时抗逆性较差，对环境变化敏感，这就意味着利用浮游动物的种群数量和群落结构进行水体环境监测是可能的。

需要注意的是，浮游动物并非严格意义上的分类单元，而是一类动物的统称。在淡水生态系统中常见的浮游生物可以分为四大类群，包括原生动物（protozoa）、轮虫（rotifera）、枝角类（cladocera）和桡足类（copepoda）。原生动物（protozoa）是最原始、最简单、最低等的单细胞动物，可以分为鞭毛虫、肉足虫、孢子虫和纤毛虫四大类。原生动物往往以细菌、藻类、其他动物和碎屑为食。由于体型微小，原生动物在浮游动物群落的研究中一开始并没有得到重视，而现在越来越多的研究发现原生动物在水体中同样发挥着重要作用。轮虫（rotifera）是最小的后生动物，因其头冠上的纤毛在游动或摄食时不断摆动如车轮状而得名。多数轮虫是滤食性种类，可以摄食细菌、藻类和有机碎屑，也有部分轮虫为肉食性，可以以水体中的其他轮虫或动物为食。枝角类（cladocera）属于节肢动物门、甲壳动物纲、鳃足亚纲、双甲目、枝角亚目，俗称为“溞”。滤食性的枝角类可以摄食细菌、藻类、原生动物和有机碎屑，猎食性的枝角类则会捕食其他浮游动物。桡足类（copepoda）属于节肢动物门、甲壳动物纲、桡足亚纲，在淡水中生活的桡足类主要隶属于哲水蚤目、剑水蚤目和猛水蚤目。桡足类的食性较为复杂，可以分为滤食型、掠食型、从底层表面刮食型和混合型。

本书对位于华中农业大学水产养殖基地的人工浅水湖泊系统，在 2021 年初冬所观察到的浮游动物多样性进行编排，按照原生动物、轮虫、枝角类和桡足类依次列出浮游动物种类。

共鉴定出浮游动物 47 科 56 属 74 种，其中原生动物 27 科 30 属 35 种，轮虫 13 科 16 属 29 种，枝角类 6 科 9 属 9 种，桡足类 1 科 1 属 1 种。

浮游动物特征描述

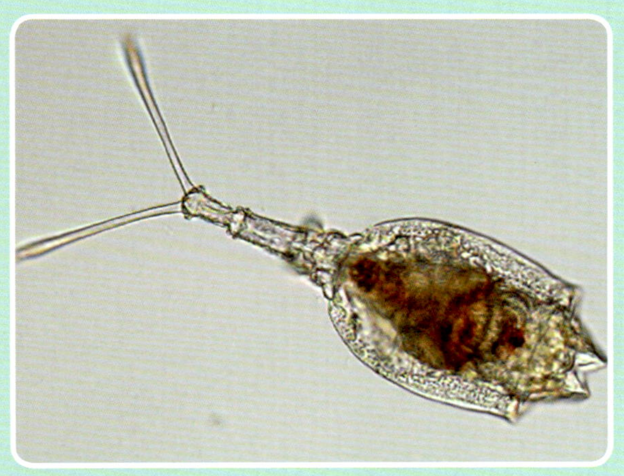

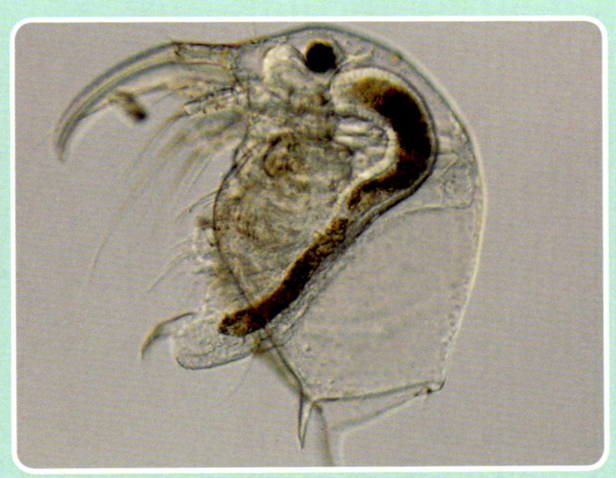

原生动物

1 袋鞭藻科 Peranemataceae

（1）袋鞭藻属 *Peranema* Dujardin

中文名称 三角袋鞭藻

拉丁名 *Peranema trichophorum* Stein

生物学特征 细胞变形，游泳时呈纺锤形、圆柱形或三棱形，前端渐尖，后端平截或圆形。副淀粉粒呈大小不等的球形或椭圆形，向前的游泳鞭毛粗壮而长，明显易见，为体长的1～1.5倍，向后的拖曳鞭毛较短，紧贴体表，不易见到。核明显，位于中位或后位，无眼点。细胞长22～86 μm，宽12～25 μm。

生境 多生长于有机质丰富的小水体环境，营吞噬性营养，在本系统中可见细胞内有吞食的藻类。

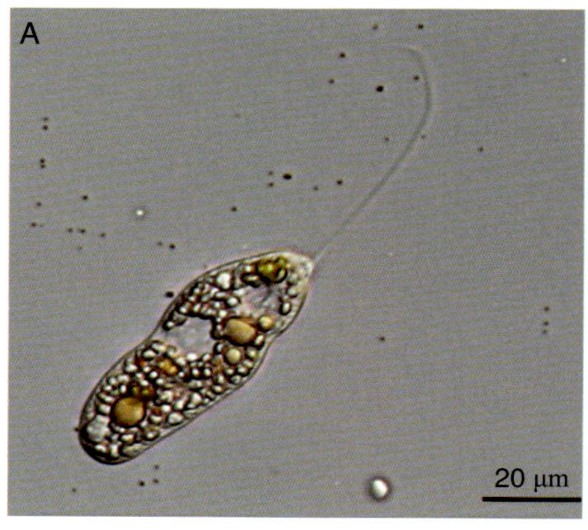

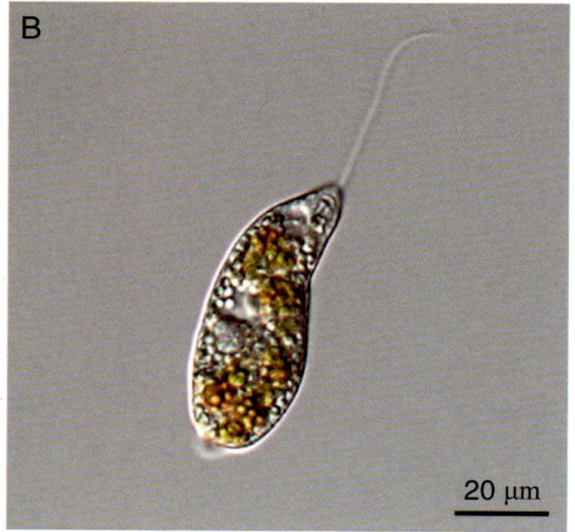

三角袋鞭藻显微照片

（2）内管藻属 *Entosiphon* Stein

中文名称 斜形内管藻

拉 丁 名 *Entosiphon obliquum* Klebs

生物学特征 细胞卵圆形，长 20～23 μm，宽 17～19 μm，前端圆形，端部突出，后端渐尖。光滑，纵沟不明显。游泳鞭毛约同身长相等，拖曳鞭毛约为身长的1.5倍，胞口在前端突出部的下方，略凹入，杆状器纵贯全身，核中位，偏向一侧。

生 境 该属种类不多，营吞噬性营养，淡水性鞭毛藻类，喜欢生活在腐化物较多的水体中。

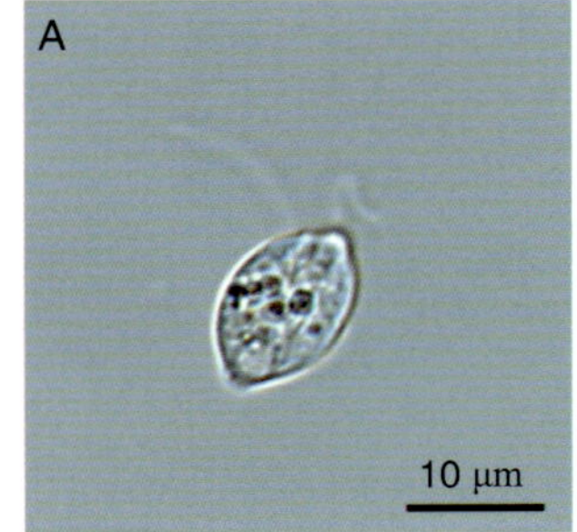

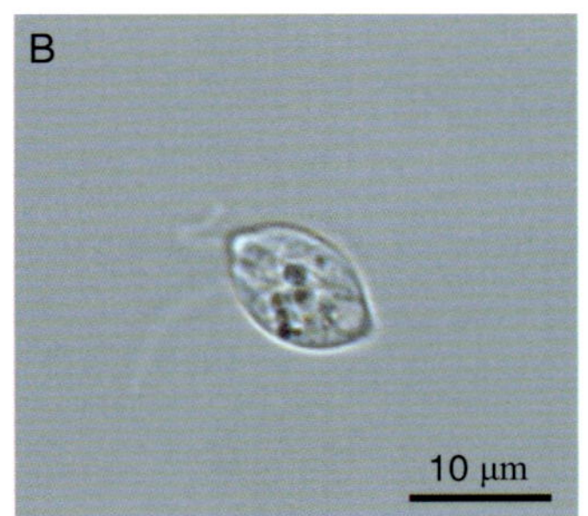

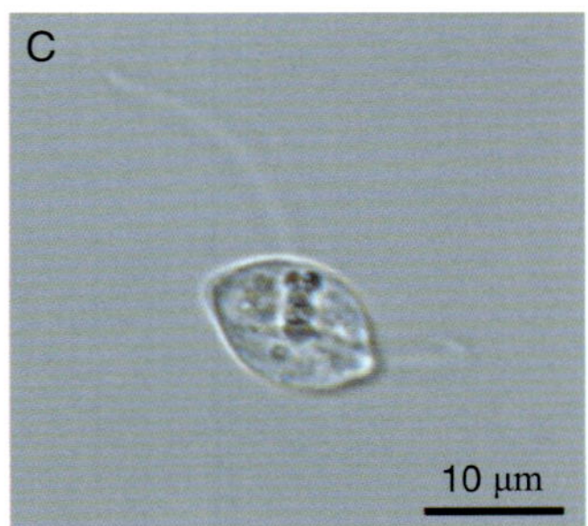

斜形内管藻显微照片

2 楔胞藻科 Sphenomomadaceae
异鞭藻属 *Anisonema* Dujardin

中文名称 葡萄异鞭藻

拉丁名 *Anisonema acinus* Dujardin

生物学特征 细胞表质硬化，形态固定，卵圆形，腹面具有纵沟，沟左侧凸起加厚，纵沟前端常与胞口相连。表质光滑，具有不等长的双鞭毛，向前的游泳鞭毛与体长相等，拖曳鞭毛粗而长，常藏于纵沟内，沿沟向后伸展，为体长的2～3倍。核后位。细胞长25～40 μm，宽16～22 μm。

生境 该属绝大多数为淡水性鞭毛藻类，多生活在腐殖质丰富的污水环境。营吞噬性营养。

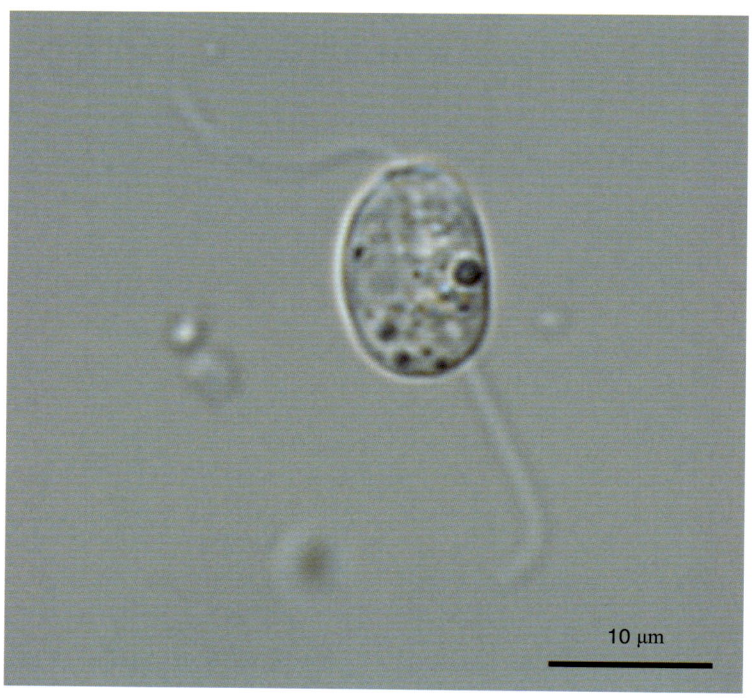

葡萄异鞭藻显微照片

3 钟形科 Vorticellidae
钟虫属 *Vorticella* Linne

中 文 名 称 沟钟虫

拉 丁 名 *Vorticella convallaria* Linne

生物学特征 柄不分枝，单体。柄螺旋收缩。表膜有横的条纹。大核1个，伸缩泡1个或2个。虫体为长钟形或近似圆筒形。少数较粗壮。围口唇最宽，后部变窄。口围盘宽而平。横纹明显。大核纵位。伸缩泡1个。肌丝上有分散的小颗体。体长55～100 μm。摄食细菌和单细胞绿藻。

生 境 在各水体中较为常见，如池塘、湖泊、沟渠等。

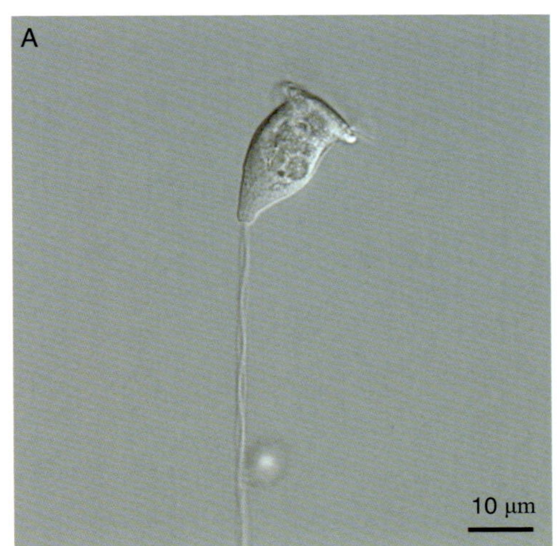

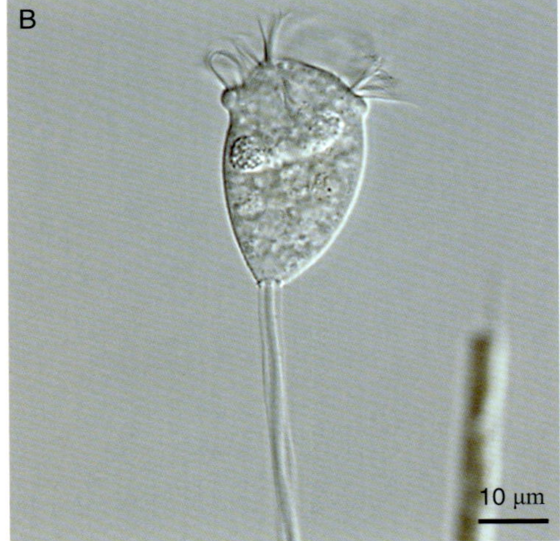

沟钟虫显微照片

4 累枝科 Epistylidae
累枝虫属 *Epistylis* Ehrenberg

中文名称　褶累枝虫

拉　丁　名　*Epistylis plicatilis* Ehrenberg

生物学特征　体呈漏斗形，体长为体宽的2～3倍。围口唇宽，口围盘明显凸出。大核短带形，横位于前。收缩时，虫体后半部形成横褶，并将体柄套上。体长95～160 μm。

生　　境　摄食细菌。着生在水生植物、田螺和水生昆虫体上。富营养型沼泽、池塘以及受有机污染的水体中均有分布。

褶累枝虫显微照片

5 斜管科 Chilodonellidae
斜管虫属 *Chilodonella* Strand

中文名称 非游斜管虫

拉 丁 名 *Chilodonella aplanata* Kahl

生物学特征 体长椭圆形，左、右两侧接近平行。前端向左弯转形成明显的钩刺状的“吻”。大核圆形，位于后端。伸缩泡 2 个。体长 33～58 μm。

生 境 摄食细菌、硅藻和绿藻。生活在苔藓植物以及狸藻生长的池塘中，分布范围广。

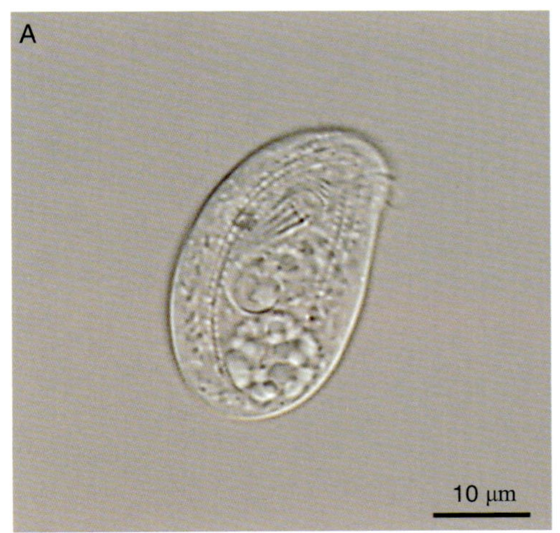

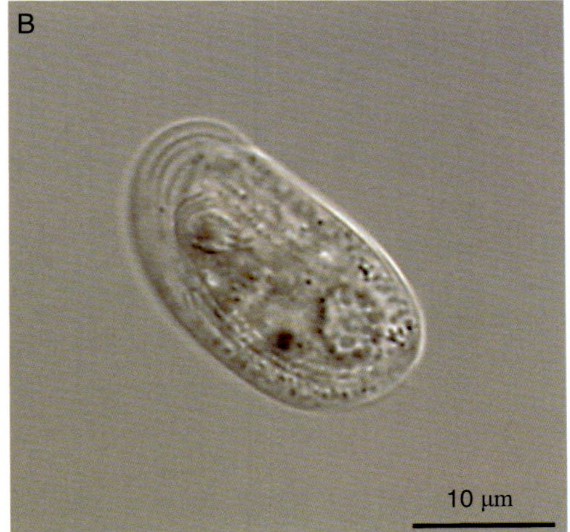

非游斜管虫显微照片

6 膜袋科 Cyclidiidae
膜袋虫属 *Cyclidium* Muller

中文名称 瓜形膜袋虫

拉丁名 *Cyclidium citrullus* Cohn

生物学特征 体小，长卵形或窄椭圆形。体后端有一凹痕。口缘右侧有一透明的袋状纤毛膜与左缘游离纤毛互相结合，口围占体长的2/3。体纤毛长而稀，展开，有1根尾纤毛。体长18～20 μm。

生境 摄食细菌和藻类，多生活在腐败有机质丰富的水体中。

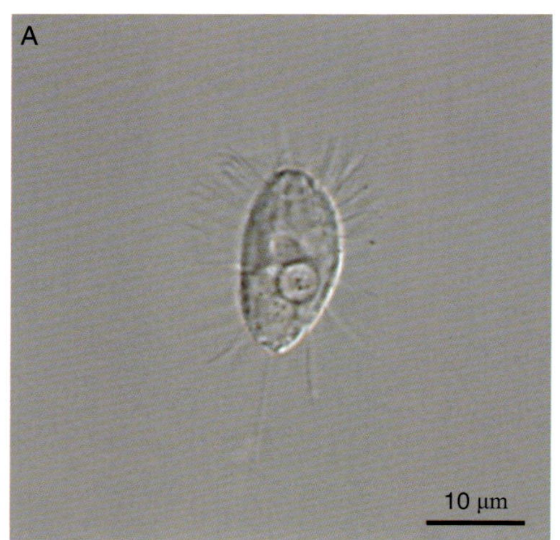

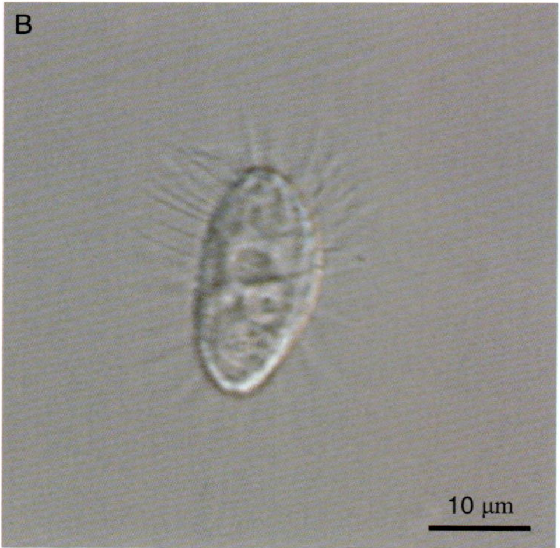

瓜形膜袋虫显微照片

7 板壳科 Colepidae
板壳虫属 *Coleps* Nitzsch

中文名称 小毛板壳虫

拉丁名 *Coleps hirtus minor* Kahl

生物学特征 体呈圆筒形或榴弹形，外质硬化，体表由排列整齐的外质壳板围裹。外质壳板13行，且“窗格”是“口”字形。体后有3个棘刺，其基部较宽。有1根尾纤毛。体长35～45 μm。

生境 摄食其他原生动物或轮虫等的腐败体，也摄食活体的藻类、鞭毛虫和小型纤毛虫。生活在有机碎屑多的水体中。

小毛板壳虫显微照片

8 盾纤虫科 Aspidiscidae
盾纤虫属 *Aspidisca* Ehrenberg

中文名称 有肋盾纤虫

拉丁名 *Aspidisca dentate* Dujardin

生物学特征 体小、卵圆形；表膜坚硬而不变形；小膜口缘区高度退化；前触毛和腹触毛共7根；臀触毛5～12根。大核带形，弯曲；伸缩泡1个；背面有6条纵肋，纵肋上无任何刺突；体长25～40 μm。

生境 以细菌为食，生活在有机质丰富的水体中。

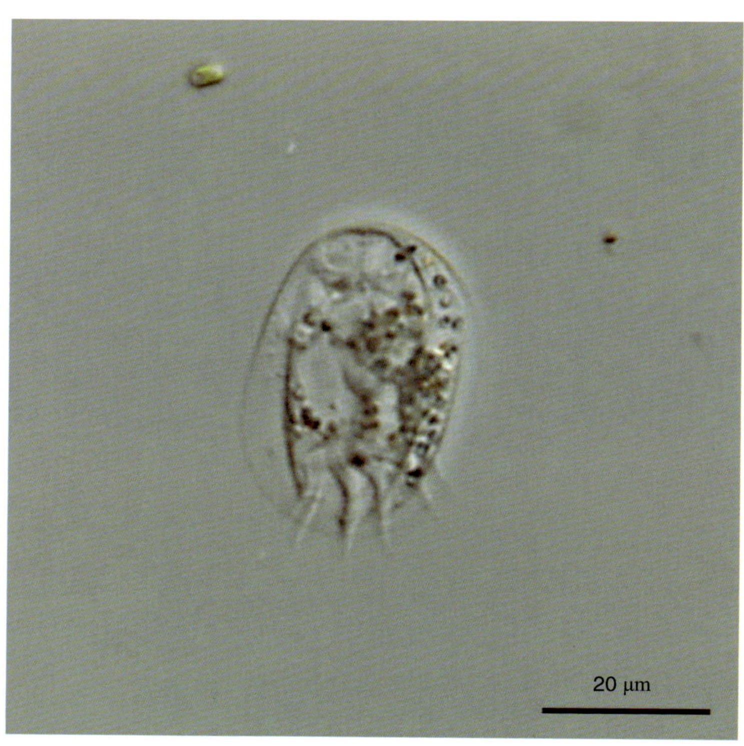

有肋盾纤虫显微照片

9 小胸科 Microthoracidae
薄咽虫属 *Leptopharynx* Mermod

中文名称 大口薄咽虫

拉丁名 *Leptopharynx eurystoma* Kahl

生物学特征 体小而侧扁，为不规则的卵圆形。背缘微凸。外质硬化。胞口位于前部左缘1/3处。前额左缘急剧倾斜。体长42～50 μm。

生境 摄食藻类，如念珠藻等，生活在有机质丰富的水体中。

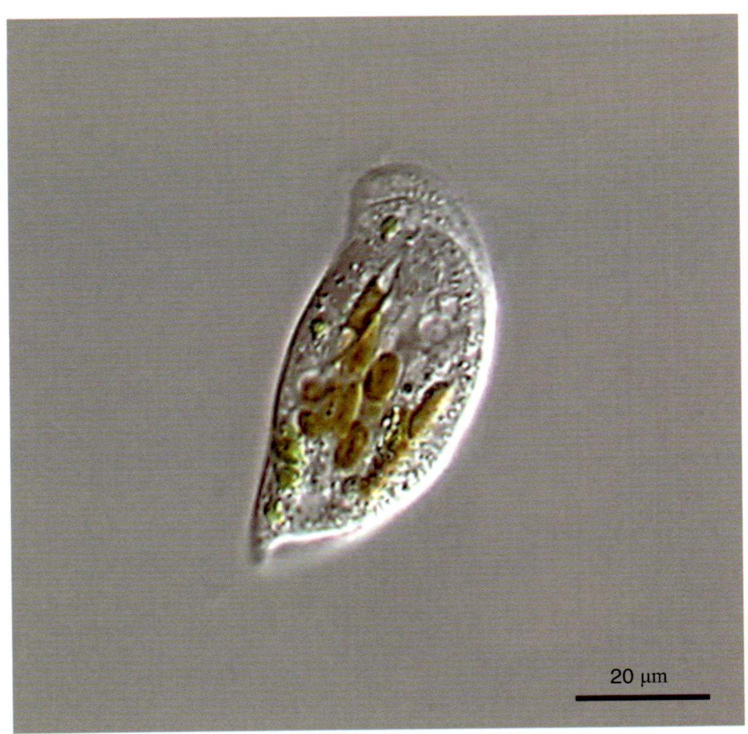

大口薄咽虫显微照片

10 尖毛科 Oxytrichidae
尖毛虫属 *Oxytricha* Vincent

中文名称　叶绿尖毛虫

拉 丁 名　*Oxytricha chlorelligera* Kahl

生物学特征　体椭圆形，后端钝圆。柔软，可以弯曲。前触毛、腹触毛、臀触毛数分别为8根、5根、5根，体内有共生绿藻。体长80～110 μm。

生　　境　生活于淡水中，常见于池塘、湖泊。

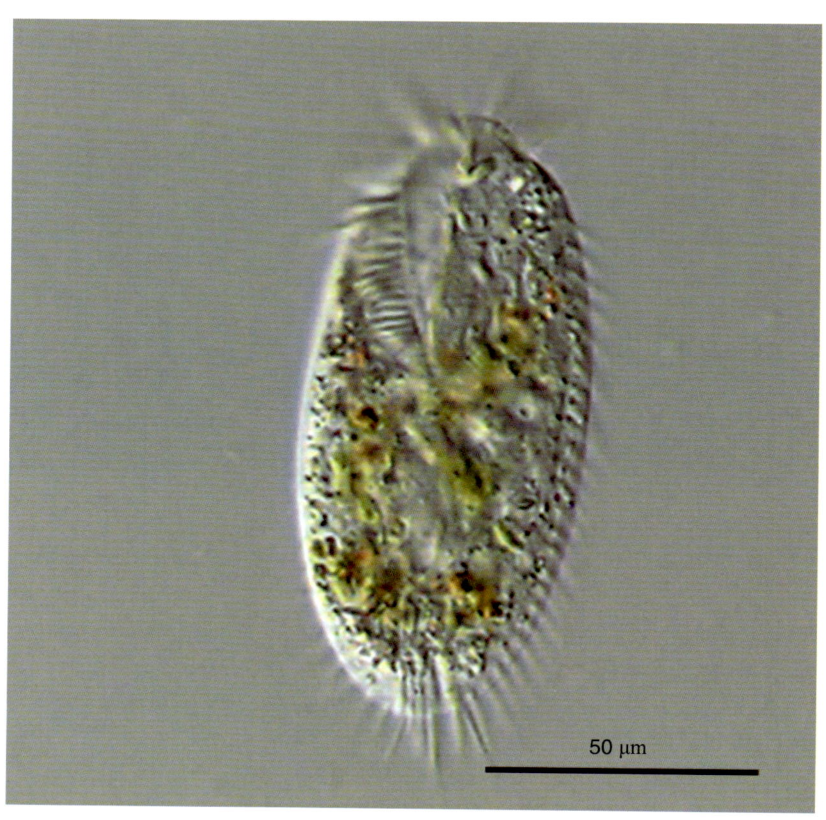

叶绿尖毛虫显微照片

11 长吻科 Lacrymariidae
长吻虫属 *Lacrymaria* Vinsent

中文名称 蠕形长吻虫

拉丁名 *Lacrymaria vermicularis* Ehrenberg

生物学特征 虫体可高度伸缩变形，体呈卵形，前面较后面细，略呈“颈”状。体末收紧呈浑圆形。体纤毛稀、螺旋形排列。大核1个，椭圆形。伸缩泡1个，在身体末端。体长85～110 μm。

生境 生活在腐殖质丰富的水体中。

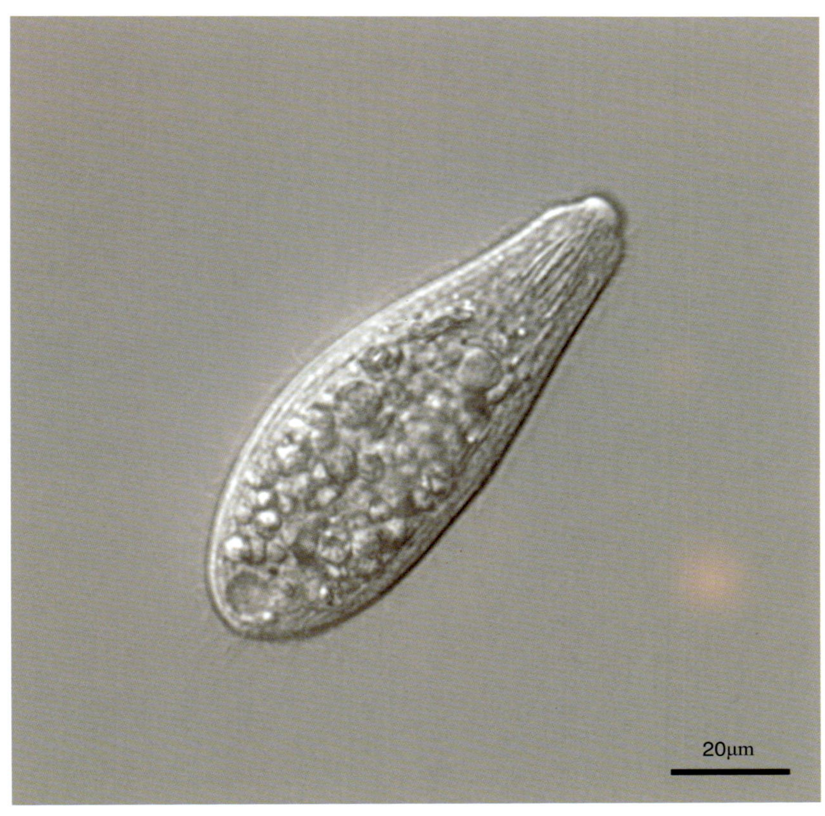

蠕形长吻虫显微照片

12 尾枝科 Urostylidae
尾枝虫属 *Urostyla* Ehrenberg

中文名称　多足尾枝虫

拉　丁　名　*Urostyla multipes* Claparede and Lacbmann

生物学特征　体椭圆形，柔软。前后端浑圆。前触毛 3～4 根。腹触毛 7 行。臀触毛 8 根，可超出体外。大核 2 个。伸缩泡 1 个。体内无共生绿藻。体长 130～150 μm。

生　　　境　摄食单细胞绿藻、鞭毛虫和细菌，生活于有机质较多的水体环境。

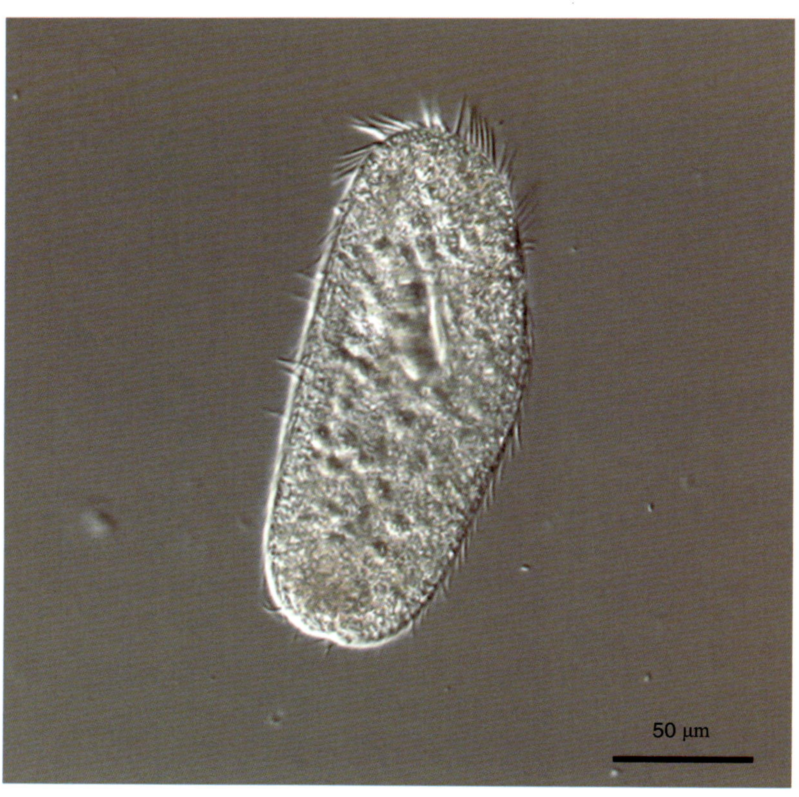

多足尾枝虫显微照片

13 草履虫科 Parameciidae 草履虫属 *Paramecium* Hill

中文名称 尾草履虫

拉丁名 *Paramecium caudatum* Ehrenberg

生物学特征 体雪茄形，前端钝圆，后半部中间最宽，然后往后尖削。前半部腹面有从左向右的口沟，胞口在口沟底部。体末有若干较长的纤毛。大核卵、小核卵各1个，中位。伸缩泡前、后各1个，周围有6个或6个以上的集合管。体长180～300 μm。主要摄食细菌。

生境 生活在腐败有机物丰富的水体中。

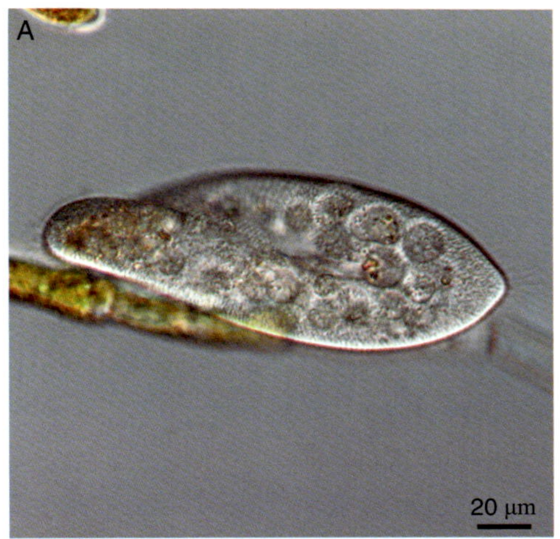

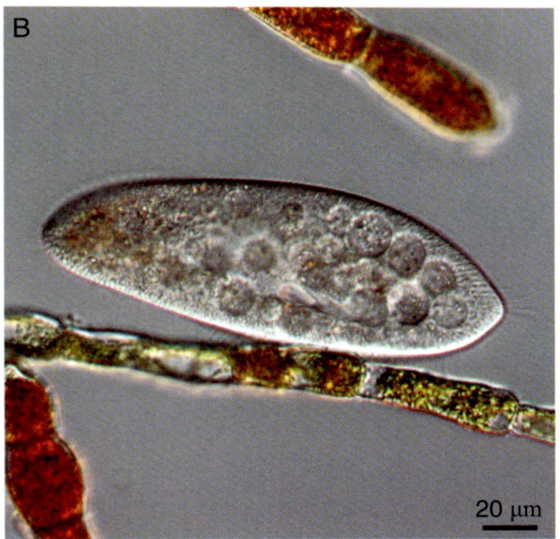

尾草履虫显微照片

14 映毛科 Cinetochilidae
映毛虫属 *Cinetochilum* Perty

中文名称 珍珠映毛虫

拉 丁 名 *Cinetochilum margaritaceum* Perty

生物学特征 体小，扁平，圆盘形，前端圆，末端略平截。胞口在后半部右侧，两侧各有1片膜。体纤毛仅限于腹面，稀，纤毛列呈马蹄形围绕着胞口，口后区无纤毛。后端有3～4根尾纤毛。核1个，圆形，中位。伸缩泡1个，后端左侧。体长15～45 μm。

生　　境 以细菌为主要食料。分布十分广。在腐败有机质较多的水体中均存在。

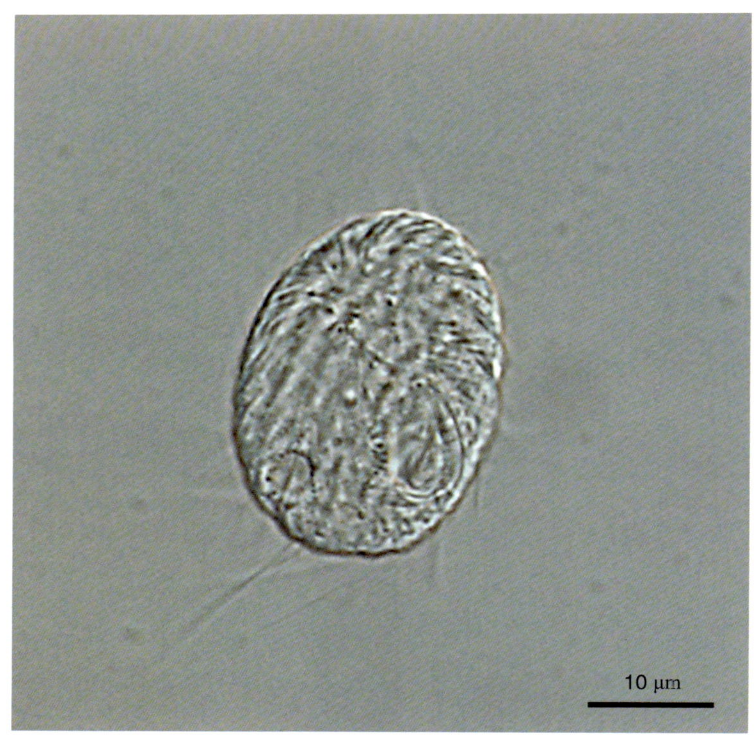

珍珠映毛虫显微照片

15 表壳虫科 Arcellidae
表壳虫属 *Arcella* Ehrenberg

中文名称 半圆表壳虫

拉丁名 *Arcella hemisphaerica* Perty

生物学特征 壳由透明的、几丁质似的物质组成。壳表面光滑或有浓密的、穿孔的麻点，好像蜂窝状的小泡。壳色棕黄色或黄褐色，腹观时壳呈圆形。侧面观时呈半圆形。壳直径 48～70 μm，壳高 28～48 μm，壳口直径 16～24 μm。

生境 以藻类为食，喜在较为干净的、有苔藓的小水体中生长。

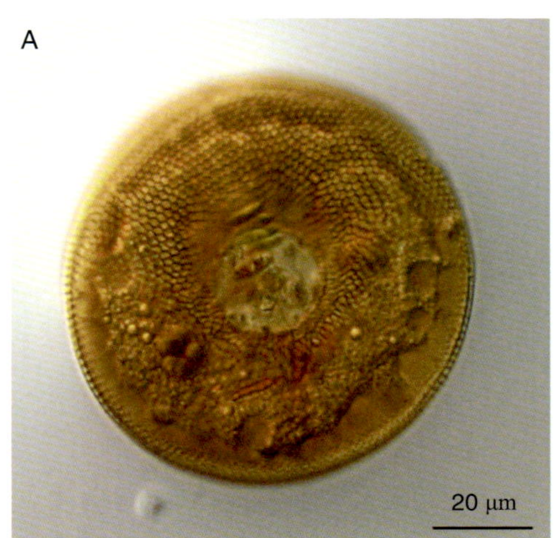

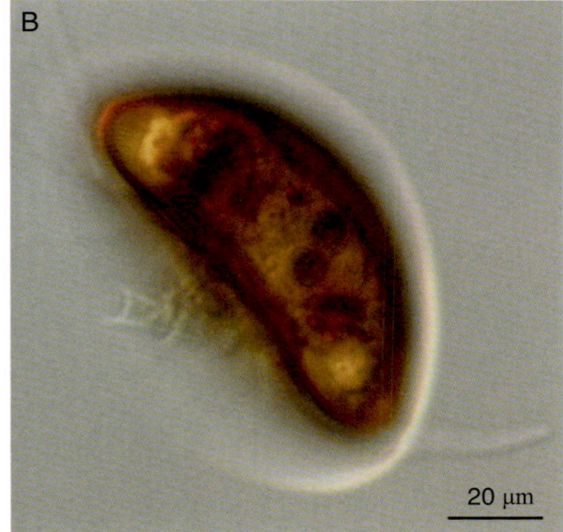

半圆表壳虫显微照片

16 砂壳虫科 Difflugiidae 砂壳虫属 *Difflugia* Leclerc

①

中文名称 尖顶砂壳虫

拉丁名 *Difflugia acuminate* Ehrenberg

生物学特征 壳圆筒状。自前端壳口处向后逐渐扩张，以壳后部 2/3 处为最宽。再向后端逐渐变窄，并延伸为一个直的尖角。壳长为壳宽的 3～4 倍。壳表面粗糙，通常有砂粒黏附，偶尔还有硅藻的空壳。壳口圆。壳长（包括刺 256～280 μm），壳口直径 42～52 μm。

生境 以藻类为食，喜在有水草的水体中生长。

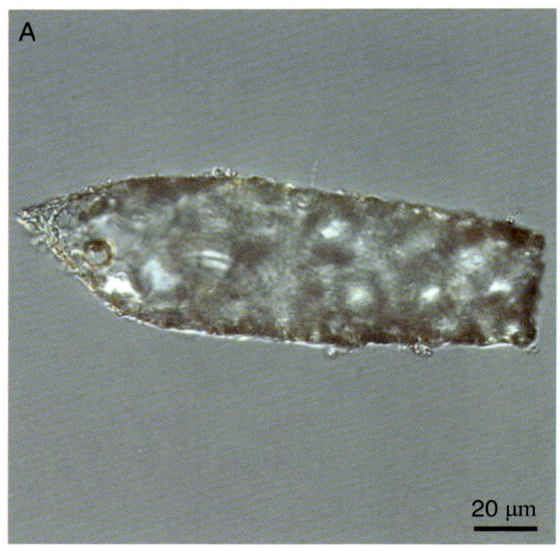

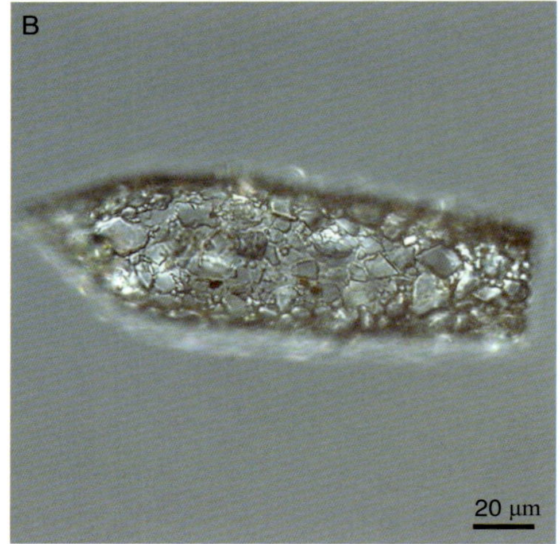

尖顶砂壳虫显微照片

②

中文名称 球形砂壳虫

拉丁名 *Difflugia globulosa* Dujardin

生物学特征 壳棕色，圆或卵圆形。壳上覆盖大的砂粒，有时也混有硅藻空壳，故较为粗糙。壳口边缘的砂粒均小。大小变异较大，一般壳长 70～110 μm，壳宽 55～85 μm。

生境 以藻类为食。分布广，既可在干净的、有水草的水体中生长，也可以在有机物较为丰富的小水体中生存。

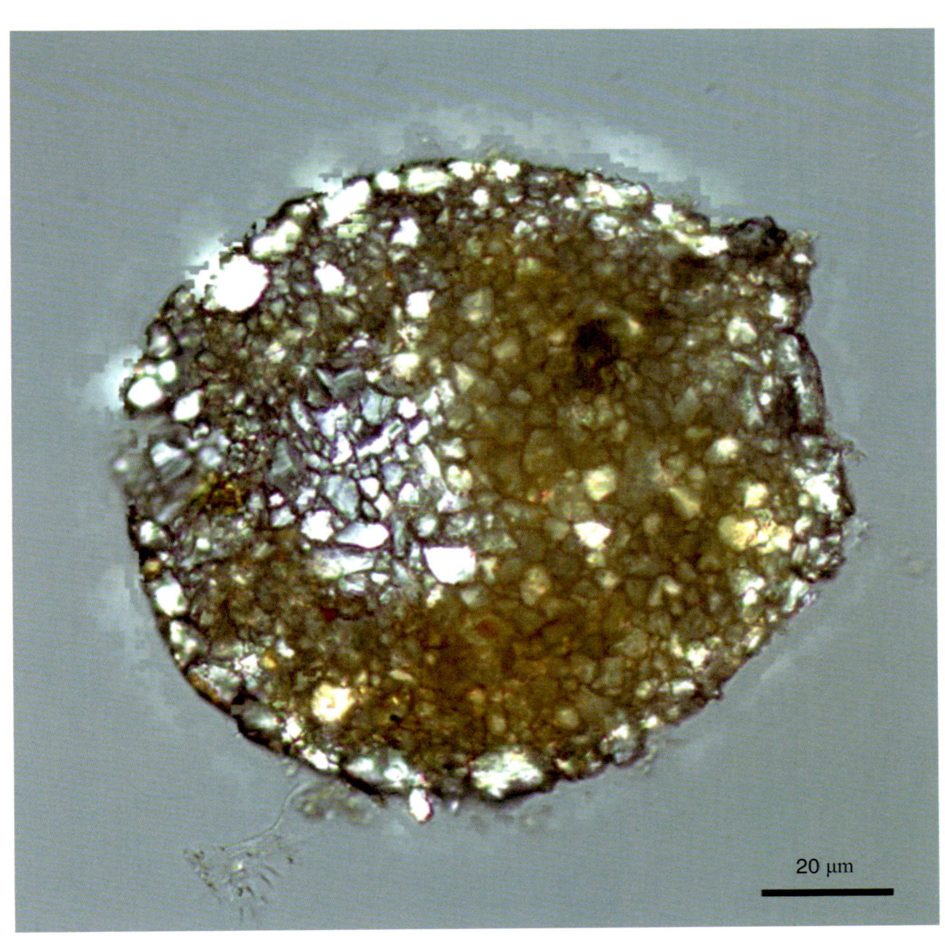

球形砂壳虫显微照片

③

中文名称　长圆砂壳虫

拉　丁　名　*Difflugia globulosa* Ehrenberg

生物学特征　壳有几丁质的内膜，整个壳呈梨形。壳表面覆盖砂粒，并混杂有藻的空壳。壳长卵圆形，侧圆形，表面光滑，外观一般透明。长 110 ～140 μm。

生　　　境　常出现于淡水池塘、沟渠和沼泽的沉积物中。

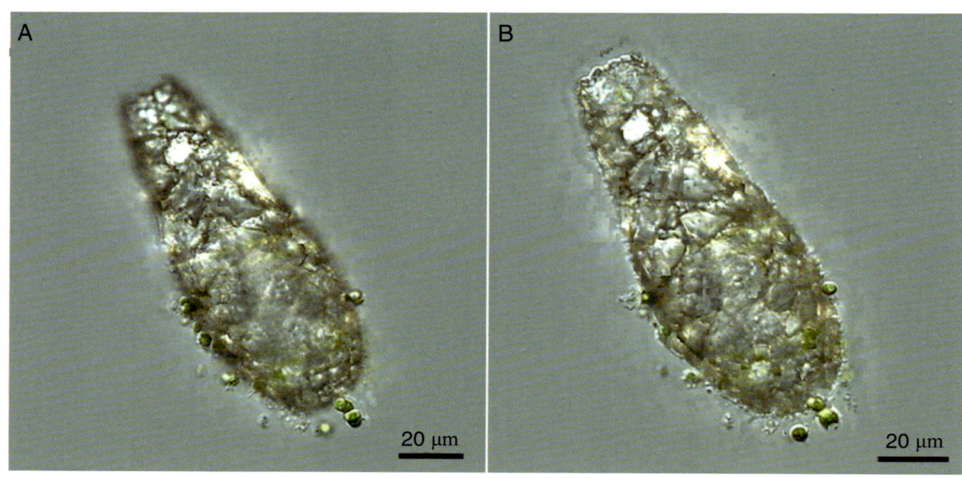

长圆砂壳虫显微照片

17 螺足科 Cochliopodiidae
螺足虫属 *Cochliopodium* Hertwig

中文名称 透明螺足虫

拉丁名 *Cochliopodium bilimbosum* Auerbac

生物学特征 有几丁质的圆形外壳，但此壳十分透明、柔软、富有弹性，故能随身体移动而变形。伸缩泡 1～2 个，伸缩较慢。在壳内部分的细胞质中，还有呈颗粒状的、晶体的贮藏物。壳直径 32～45 μm，全身伸展时直径 49～90 μm。

生境 以藻类为食，喜在水生植物或丝状藻类上生长，在池塘、小水潭、河流中均有发现。

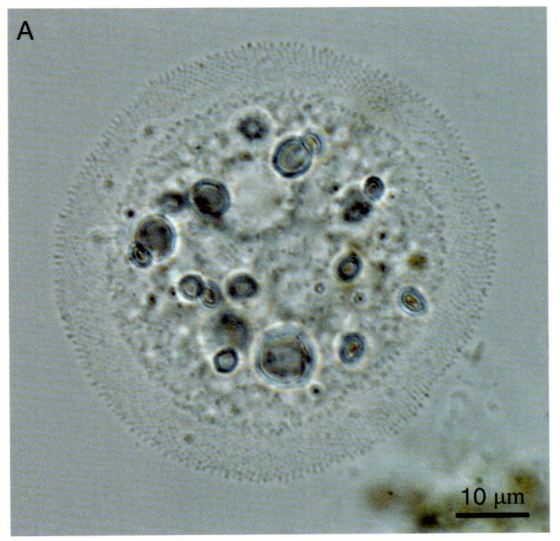

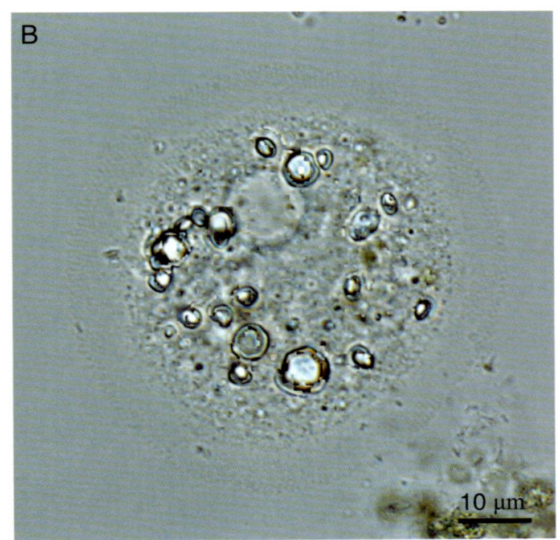

透明螺足虫显微照片

18 简变科 Vahlkampfiidae
简变虫属 *Vahlkampfia* Chatton

中文名称 简简变虫

拉丁名 *Vahlkampfia vahlkampfia* Chatton

生物学特征 体小，蛞蝓形。只有一个伪足，在前端爆破伸出，故行动时身体前端总是比后端宽。内质颗粒状。伸缩泡1个，常靠近后端。核圆形，内有一明显的核内体，位于体中部。孢囊浑圆，内外壁明显地分隔，外壁微呈波浪。行动时体长10～25 μm，孢囊直径5～10 μm。

生境 以细菌为食，分布很广，常出现在有机质比较丰富，甚至含粪水的水体中。

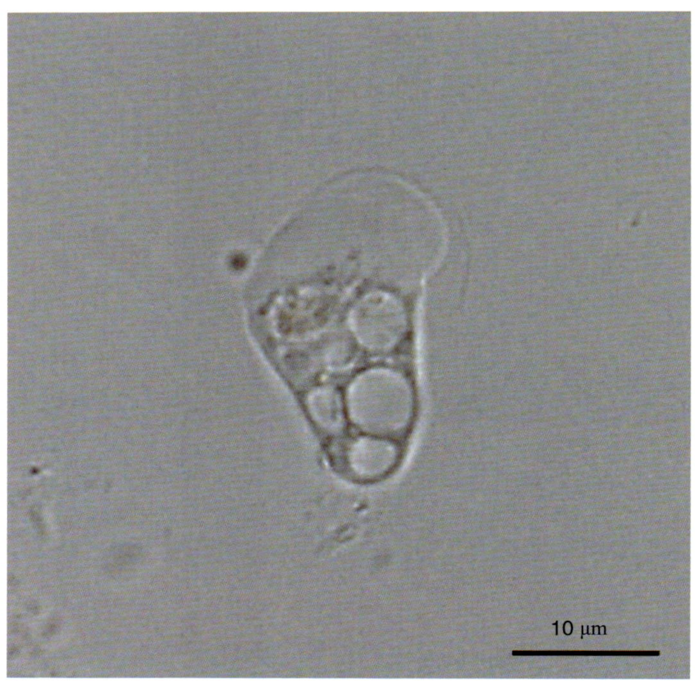

简简变虫显微照片

19 条变形科 Striamoebidae
条变形虫属 *Striamoeba* Jahn, Bovee and Griffith

中文名称 条纹条变形虫

拉丁名 *Striamoeba striata* Penard

生物学特征 伸展时体扁平，呈椭圆或长椭圆形，前端较后端宽些，体长为体宽的 1.4～2.0 倍。前端新月状透明区常向两侧扩展，可达体长的3/4。后端浑圆，无球或其他拖曳物。外质虽表膜化，但仍十分柔软，常出现 3～4 条平行的、细长的条纹。核圆，核内体位于中央，有 2～3 圆块或成带状，依品系而异。漂浮型伪足短，伸展时体长 28～78 μm。

生境 以细菌为食，淡水中分布广，一般喜欢生长在水生植物上。

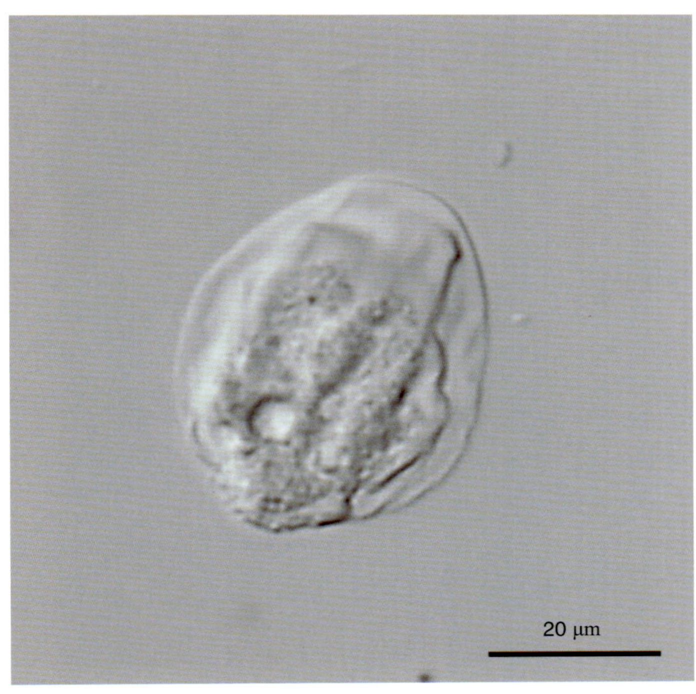

条纹条变形虫显微照片

20 马氏科 Mayorellidae
马氏虫属 *Mayorella* Schaeffer

中文名称　溪马氏虫

拉　丁　名　*Mayorella riparia* Page

生物学特征　体扁平，行动时前面宽的透明区可伸出 3~4 个基部宽的、顶端尖的、细锥状或指状亚伪足，体长约为体宽的 2 倍。透明区比颗粒区宽，约占 1/5 体长，伸出亚伪足后犹如手掌状。在行进中伪足从侧面向后隐退，有时会出现一条纵向加厚的条纹。须改变方向时前端扩大。1 个泡囊核。1 个伸缩泡。细胞质中有许多颗粒，无结晶体。此种与步履马氏虫的差别是体较小，伪足很少成对，漂浮型的伪足较长。伸展时体长 20~55 μm。

生　　境　以细菌为食，分布于淡水水体中。

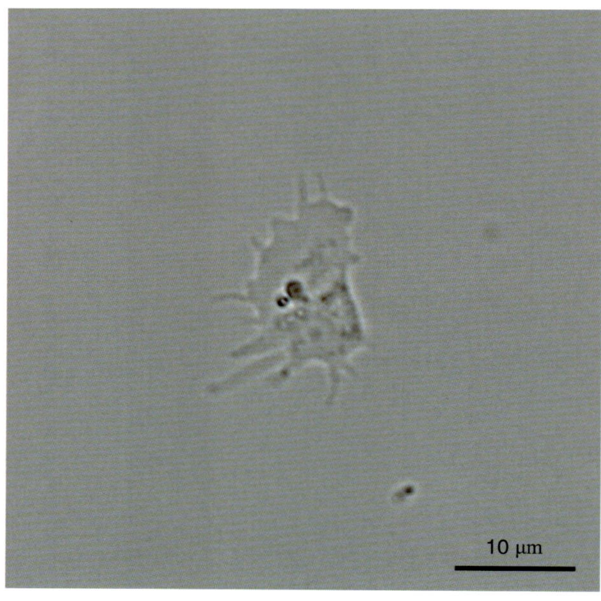

溪马氏虫显微照片

21 盘变形科 Discamoebidea

（1）蒲变虫属 *Vannella* Bovee

中文名称 平足蒲变虫

拉 丁 名 *Vannella platypodia* Glaser

生物学特征 在活泼行动时极易改变形状，可呈扇形、铲形或卵形。前部透明区宽而平，呈弓形，最大时可占身体一半面积；后部颗粒区呈驼峰状。透明区可从两侧包围颗粒区，但并不会整个包住。一个囊状核。一个伸缩泡，很少两个。体内偶尔有个别粗糙颗粒。具有漂浮型的削尖辐射伪足，2～9 个。平展时体长 10～33 μm。

生 境 以细菌为食，在淡水中分布。

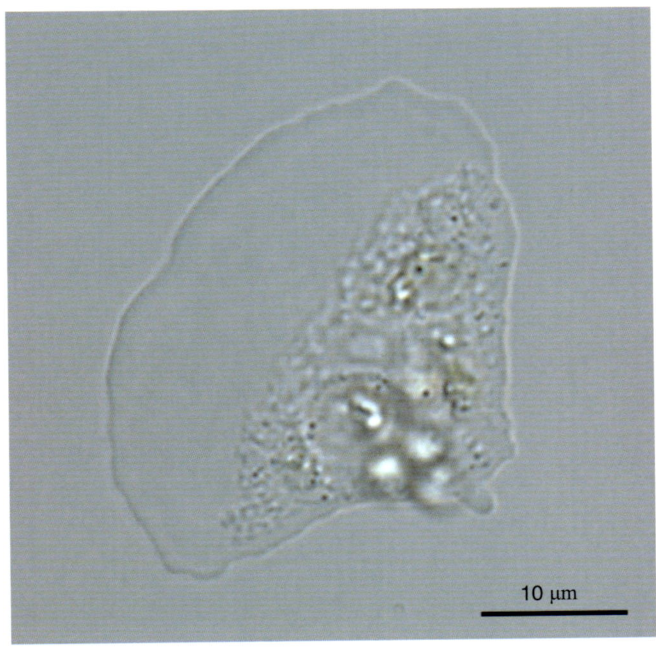

平足蒲变虫显微照片

（2）平变虫属 *Platyamoeba* Page

中文名称　柔平变形虫

拉 丁 名　*Platyamoeba placida* Page

生物学特征　行动时体呈卵圆形，偶而有时前端透明区向两侧扩展变成扇形，通常体长为体宽的 0.6～1.9 倍。伸展时透明区几乎可占身体一半的面积。外质虽已表膜化，但不会在身体背面起明显的褶皱，只是在侧边有些细微的褶。1 个囊状核，核内体在中央。内质还散布些细小颗粒。漂浮型体球状，辐射伸出 5～6 个顶端钝的伪足。行动时体长 16～35 μm。

生　　境　以细菌为食，分布于淡水中。

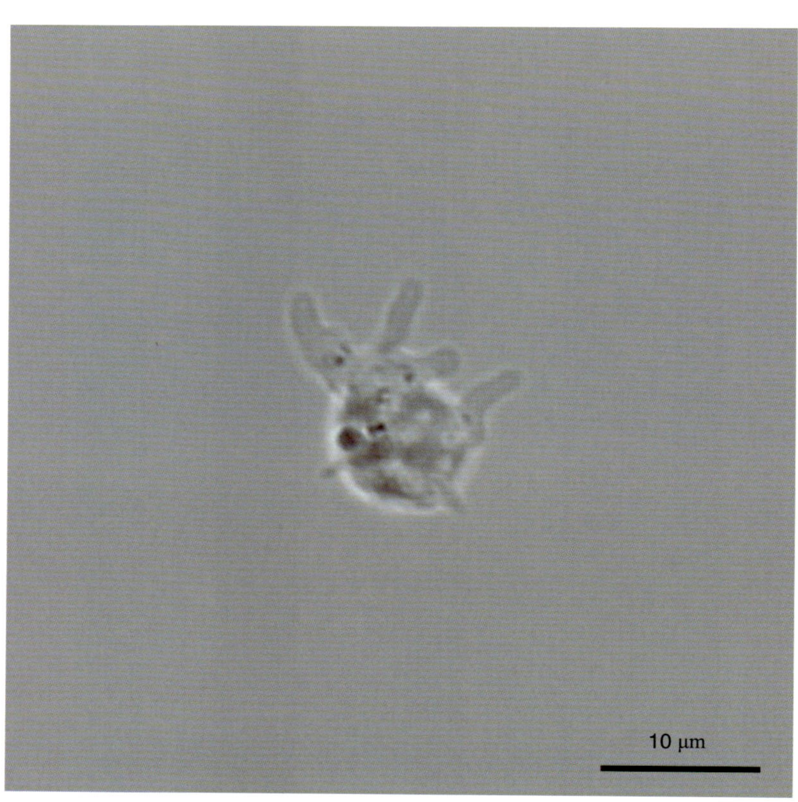

柔平变形虫显微照片

22 核形虫科 Nucleariidae
核变形虫属 *Nuclearia* Cienkowski

中文名称 简单核变形虫

拉丁名 *Nuclearia simplex* Cienkowski

生物学特征 变形虫具有非颗粒状的丝状伪足，身体通常为球形，运动时可从球形变至梭形。核呈球形，有光滑核仁。体长 20～30 μm。

生境 生活于淡水的各大水体中，如湖泊、池塘等。

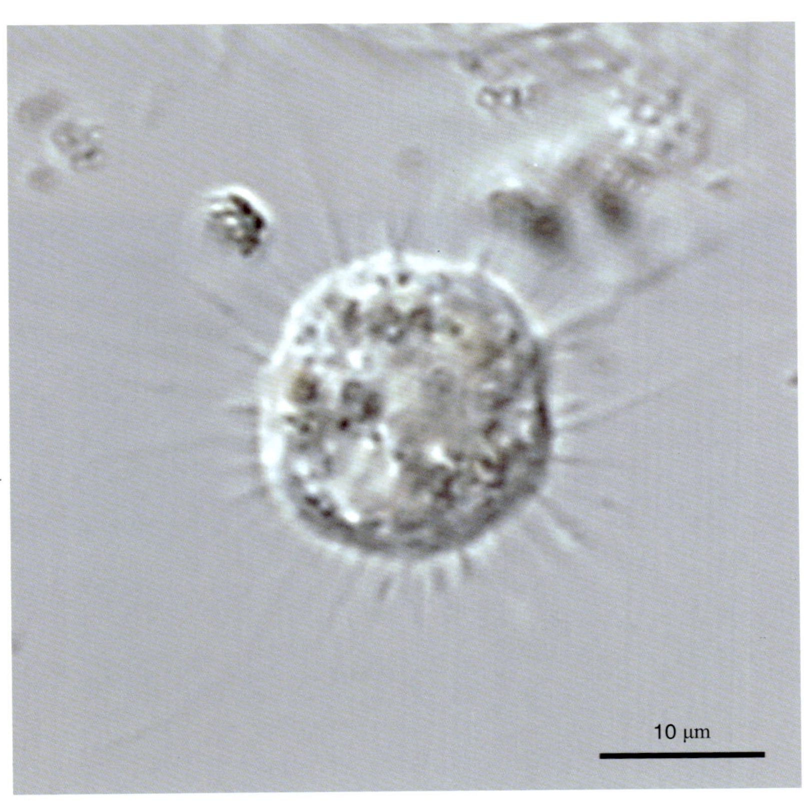

简单核变形虫显微照片

23 哈氏科 Hartmannellidae

（1）多卓变虫属 *Polychaos* Schaeffer

中 文 名 称 怯多卓变虫

拉 丁 名 *Polychaos timidum* Bovee

生物学特征 体掌状。多伪足伸展时，其基部相连。伪足几乎等长，没有优势的伪足。伪足叶片状或圆柱状，顶端有钝圆的透明帽。有时伪足扁平，并在顶端变阔。行动快时可变为单伪足，而体呈蛞蝓状。核颗粒状。伸缩泡一个，在后部。后端有老伪足隐退下来的刺条，细胞核内有明显的核内体，草食性。掌形时 50～80 μm，单伪足时 80～120 μm。

生 境 喜食硅藻，分布于淡水水体中。

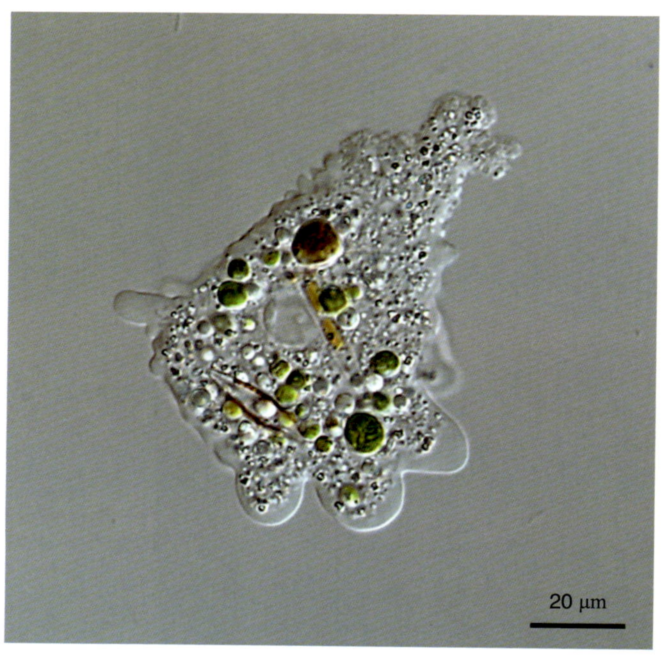

怯多卓变虫显微照片

（2）囊变形虫属 *Saccamoeba* Frenzel

①

中文名称 明亮囊变形虫

拉 丁 名 *Saccamoeba lucens* Frenzel

生物学特征 伸展时蛞蝓状，行动缓慢，有时从一侧或两侧也可以膨胀出钝的伪足。行动时体后端出现尾球，表面或光滑，或点状，有时出现细致的桑椹状。该种最显著的特征是身体内有很大的结晶体，呈平板状或方块状，5～15 μm，约有 15 个。还有少数储藏的糖元球，直径 2 μm。伸展时 70～120 μm，不活动时呈球形，直径 50～60 μm。

生 境 草食性，喜吃藻类。喜生长于湖泊、池塘有腐烂水草的地方。

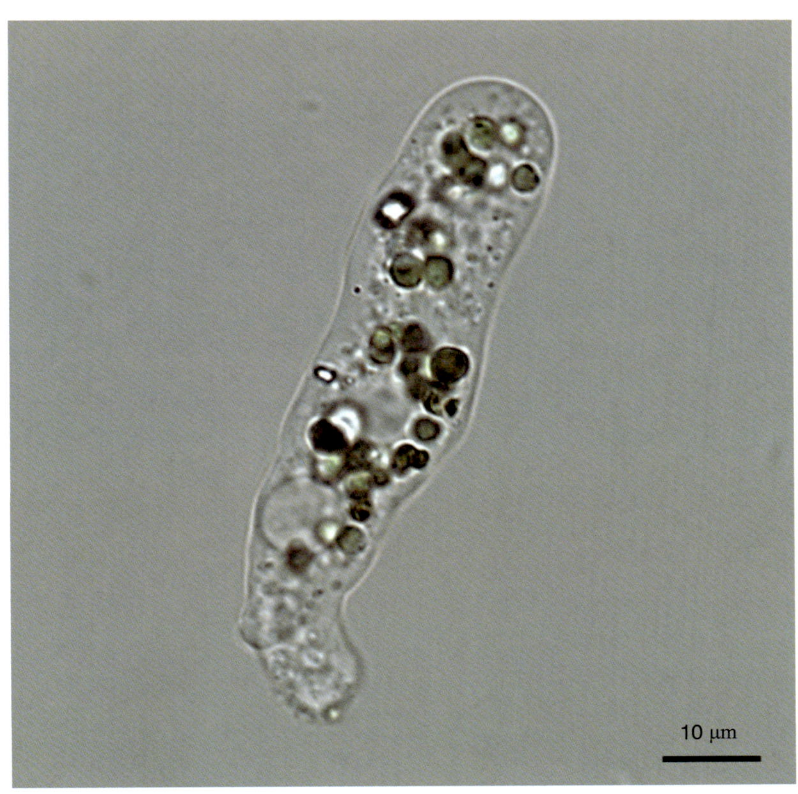

明亮囊变形虫显微照片

②

中文名称 珊瑚囊变形虫

拉 丁 名 *Saccamoeba gongornia* Penard

生物学特征 身体多变，在静止或不活动时呈圆球形，指头状的伪足从圆球的本体辐射伸出，其中一个伪足可附着在基质上，其他伪足辐射向上伸出如同珊瑚状。在行动时伪足呈较粗的棍棒状，只有1~2个宽阔的片状伪足。后部比较削细，后端有无绒毛的球，并有小刺。内质含有大小不等的贮藏颗粒。伸缩泡1个，在行动时位于后端。囊状细胞核1个，内含一明显核内体。

生 境 以硅藻和其他藻类、细菌和鞭毛虫为食。分布广，喜生长于有水生植物的栖息地。

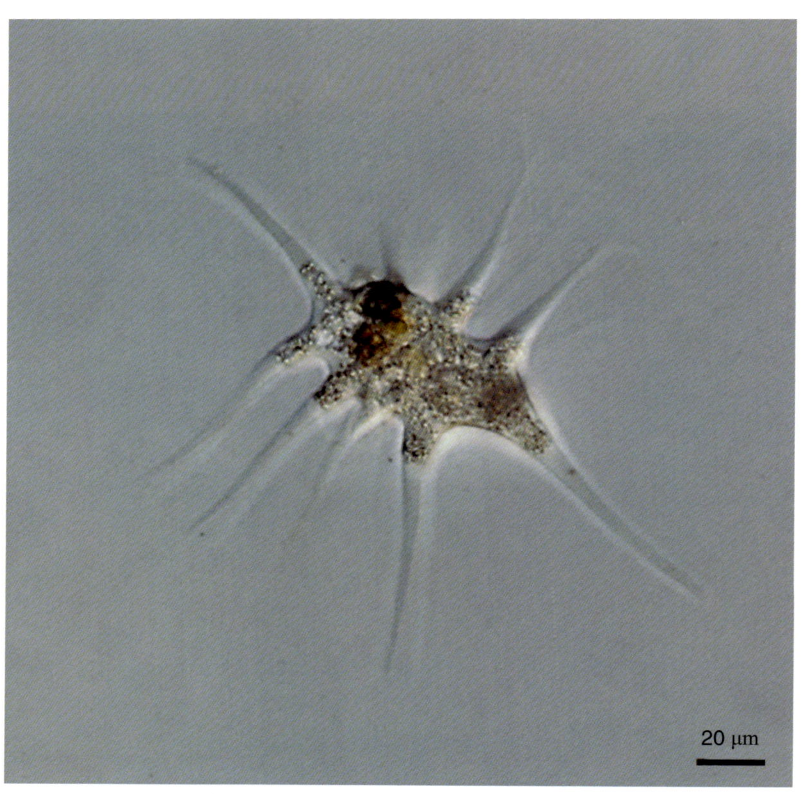

珊瑚囊变形虫显微照片

24 吮噬虫科 Vampyrellidae 吮噬虫属 *Vampyrella* West

中文名称 吮噬虫

拉丁名 *Vampyrella* sp. West

生物学特征 生活史包括滋养体（图 A）、原生质体、消化包囊（图 B）和休眠包囊。滋养体细胞直径为 25～70 μm，细胞胞质通常呈现浅红色，形态通常呈圆形，运动时细胞呈近圆形。胞内含有许多折射颗粒。细胞体外围具有放射状、不等长、通常不分枝的透明丝状伪足。常漂浮于水体中或附着在藻细胞上。消化包囊呈现圆形，侧面观较为扁平，直径为 35～100 μm。

生境 喜食鼓藻，喜生长于淡水水体，如池塘。常见于春夏季节。

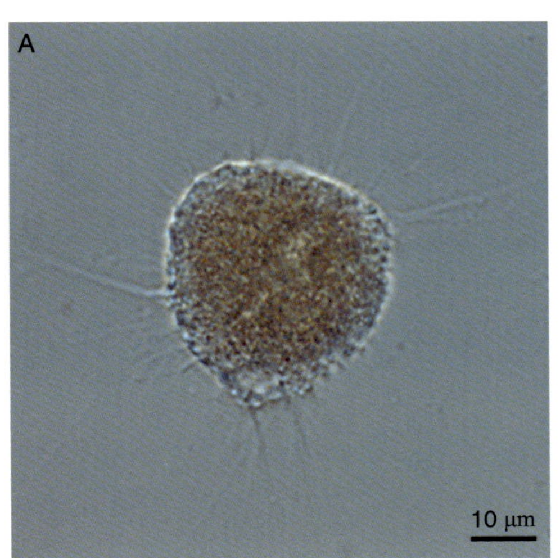

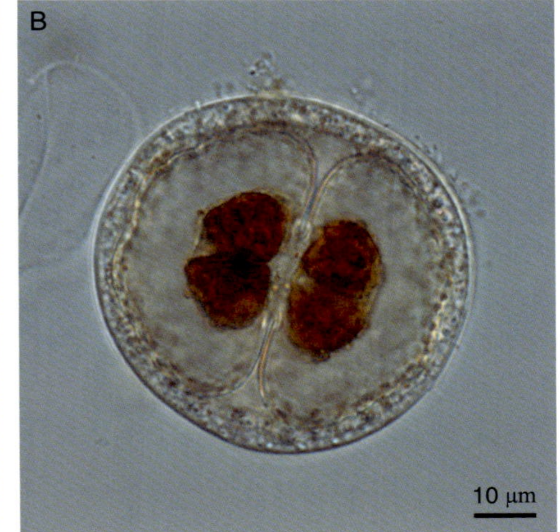

吮噬虫显微照片

25 太阳虫科 Acanthocystidae
太阳虫属 *Actinophrys* Ehrenberg

中文名称 放射太阳虫

拉 丁 名 *Actinophrys sol* Ehrenberg

生物学特征 整体呈球形。原生质包在一个薄的、膜状的外包中。外质透明，成泡沫状，有许多大的、定形的空泡。内质颗粒状，无色，有许多小的空泡。伸缩泡一个，很大，在外质边缘隆起，活泼地伸缩。伪足很多，轴丝从核膜辐射伸出，可延伸为身体直径1～2倍。身体直径20～90 μm。平均40～50 μm。

生 境 分布很广，常见于湖泊、池塘、河流中。

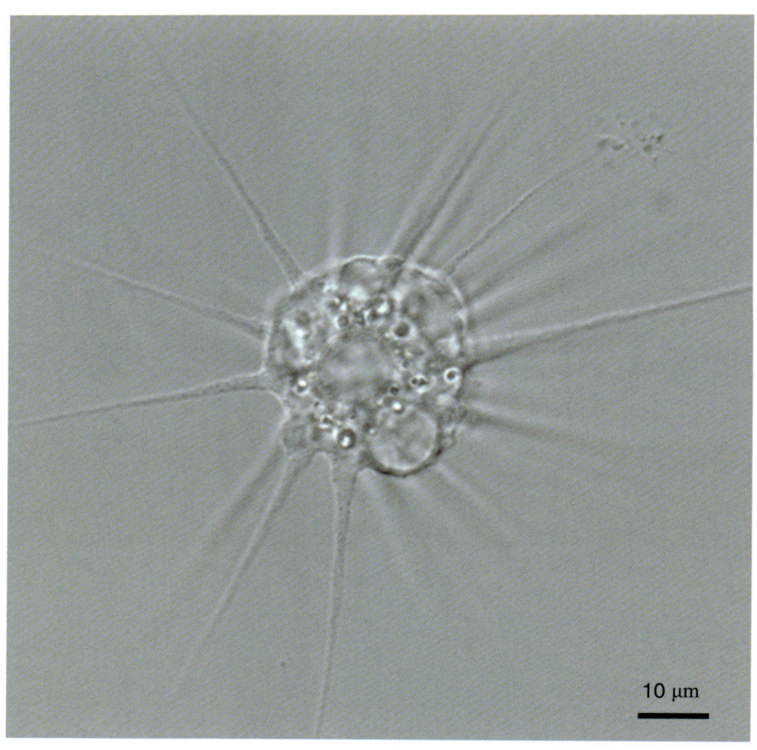

放射太阳虫显微照片

26 刺日虫科 Raphidiophryidae
刺日虫属 *Raphidiophrys* Archer

中文名称 刺日虫

拉 丁 名 *Raphidiophrys* sp. Archer

生物学特征 身体包埋在黏液状原生质的外包内。外包内有各种形状的硅质降片，有纺锤状、钻状、盘状等。这些鳞片常沿着伪足表面而离开了外包。细胞核及内质均偏位。

生 境 喜在沼泽、池塘、沟渠中生长。

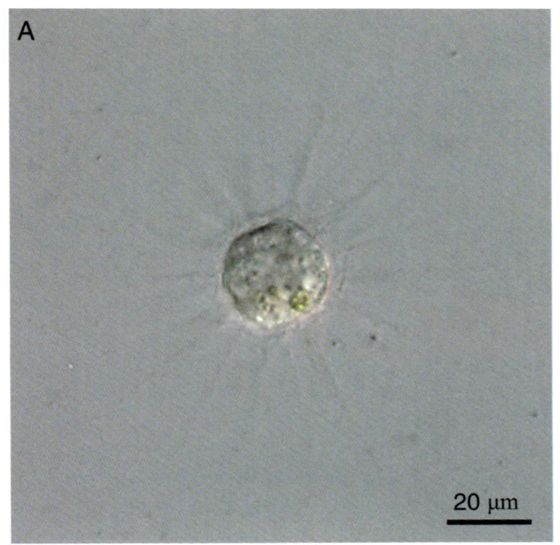

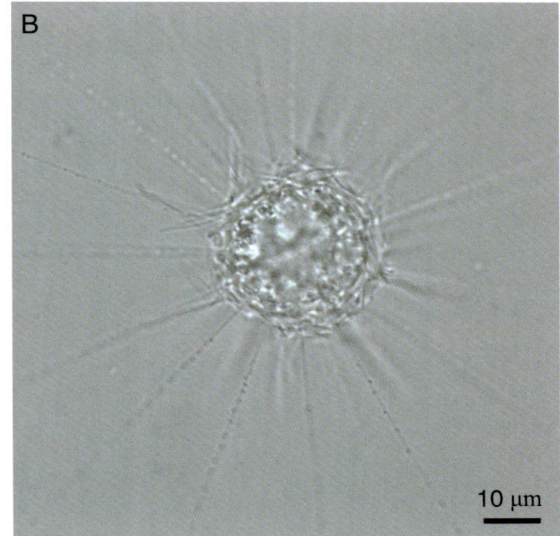

刺日虫显微照片

27 刺胞虫科 Acanthocystidae
刺胞虫属 *Acanthocystis* Penard

①

中文名称　梳刺胞虫

拉　丁　名　*Acanthocystis pectinata* Penard

生物学特征　梳刺胞虫的骨刺有长、短二种，长骨刺数量少，末端增粗；而短骨刺密且长短一致，末端分叉长，相邻的分叉几乎可以连接犹如一层鞘。正切的鳞片只一层，少数有两层。内、外质分明。2～3 个伸缩泡。伪足两倍于身体的直径，呈珠泡状，较软，上有颗粒移动。直径（包括外包）13～22 μm。

生　　境　肉食性，喜生活于淡水水体中，如湖泊、池塘等。

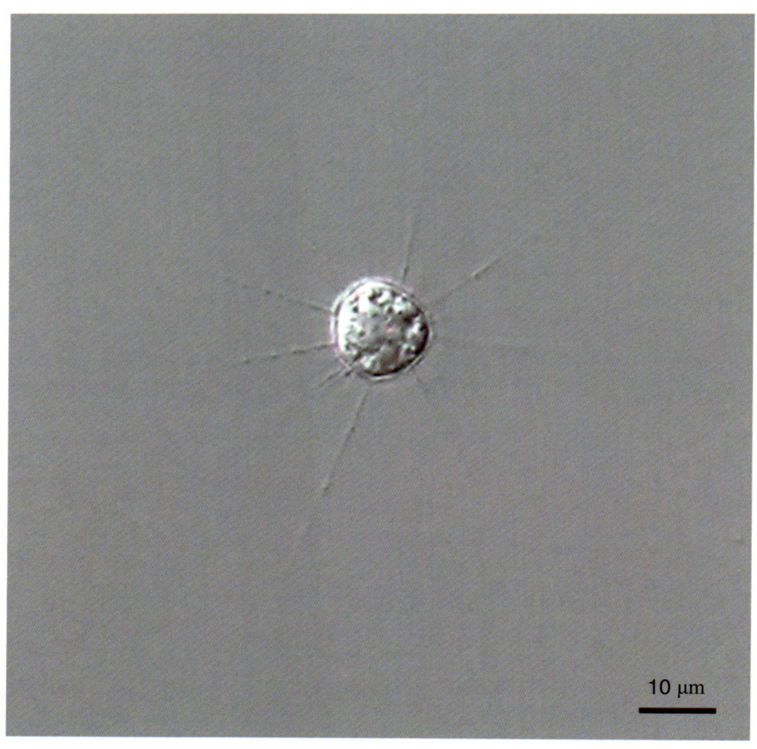

梳刺胞虫显微照片

②

中文名称 针尖刺胞虫

拉丁名 *Acanthocystis spinifera* Greeff

生物学特征 外包由正切排列的鳞片和辐射的骨刺组成，鳞片和骨刺都是硅质的。鳞片常排列成瓦覆状，像盔甲似的把球状细胞包围。辐射的骨刺很尖、数量较稀、挺直，一般为外包直径的1/3～1/2。外包没有黏液层。核1个，卵形，位偏中心。中心体在细胞正中，轴足的轴丝由此伸出。细胞内、外质分明，有时体内有绿或黄色内含物。一个至多个伸缩泡。直径(包括外包)30～60 μm。

生境 以硅藻和绿藻为食，常见于池塘、湖泊中。

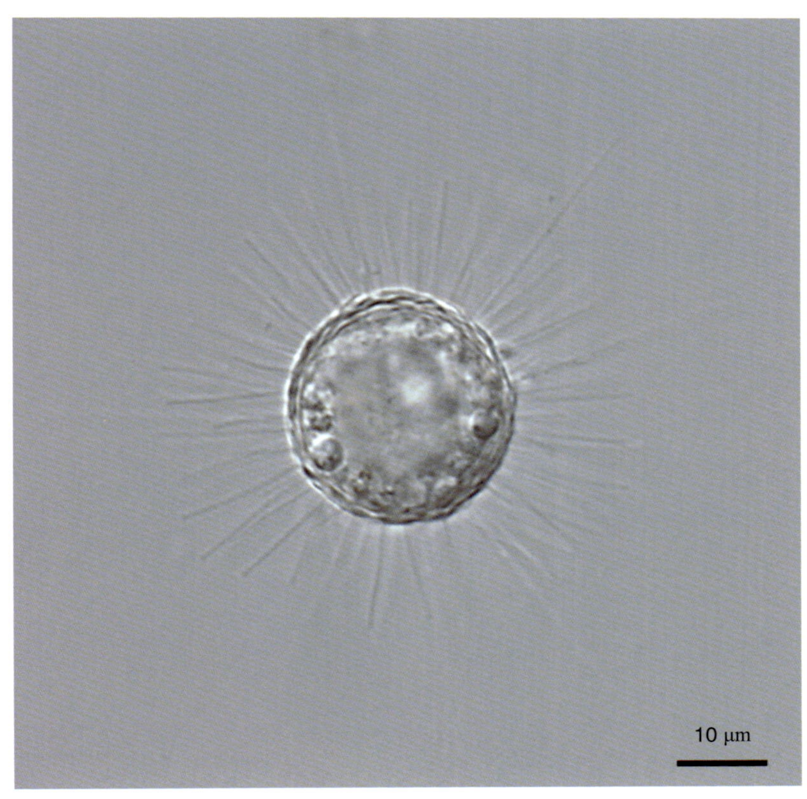

针尖刺胞虫显微照片

③

中文名称　月形刺胞虫

拉　丁　名　*Acanthocystis erinaceus* Penard

生物学特征　该种的特点是骨刺短而细软，故向各个方向弯曲，没有针尖刺胞虫的骨刺强壮。刺长不超过身体直径的1/3。正切的鳞片杆形或匙形，片层很薄。1个至数个伸缩泡。伪足长，可达身体直径的2～2.5倍，珠泡状。直径（包括外包）14～23 μm。

生　　境　分布于淡水水体中，如池塘、湖泊、沟渠等。

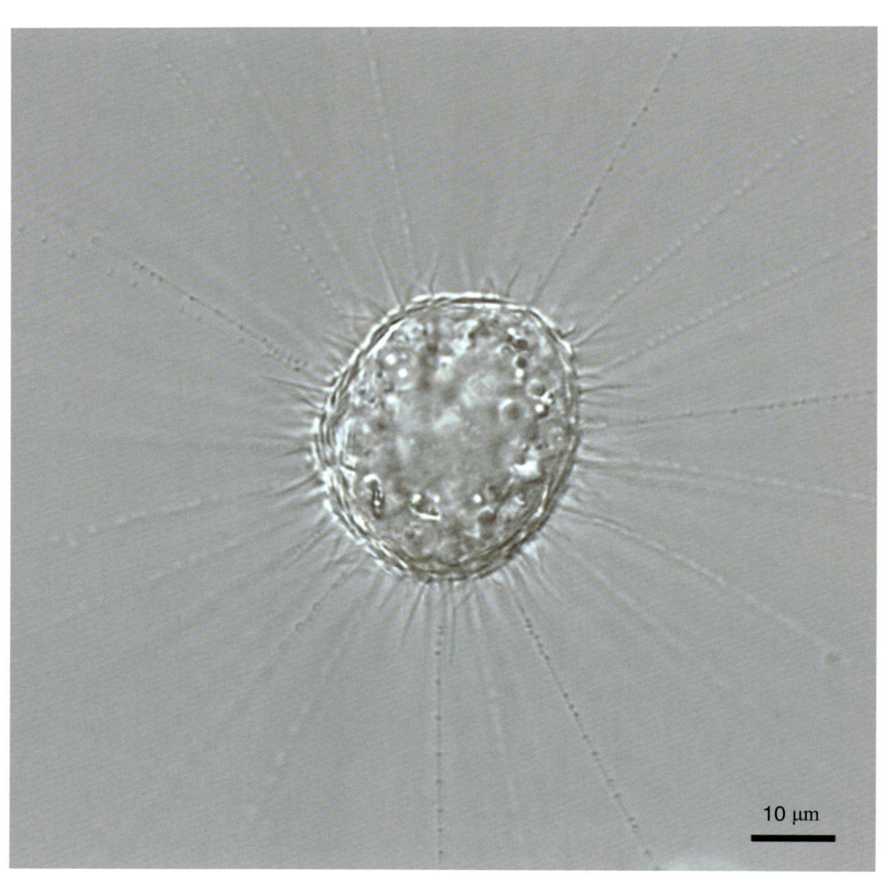

月形刺胞虫显微照片

轮 虫

1 猪吻轮科 Dicranophoridae
猪吻轮属 *Dicranophorus* Nitzsch

中文名称 猪吻轮虫

拉 丁 名 *Dicranophorus* sp. Nitzsch

生物学特征 全长约 480 μm，趾长约 80 μm；身体纵长，呈蠕虫形或纺锤形。皮层硬化且已经部分地形成背甲。有一显著的颈连接头和躯干两部。足大多数较短，趾或长或短，一般略弯曲，有些种类在趾的基部有一鞘的结构。猪吻轮虫头冠腹向，口位于头冠的中央。吻大而显著。

生 境 主要以底栖生活为主，但非常善于游泳，能够在水的中上层自由活动，摄食时常伸出钳型的口器获取食物。

猪吻轮虫显微照片

2 臂尾轮科 Brachionidae

（1）龟纹轮属 *Anuraeopsis* Lauterborn

中文名称 裂痕龟纹轮虫

拉丁名 *Anuraeopsis fissa* Gosse

生物学特征 背甲长约 76 μm；体呈卵形，背甲前端边缘光滑，或多或少下沉而呈“V”形的凹痕，后端浑圆；背甲隆起而凸出，腹甲扁平，或接近平直。眼点 1 个，大而显著，呈深红色的卵圆形。

生境 寡污型，在我国广泛分布，华东和华中等地区的沼泽、池塘及湖泊的浅水水体极为常见；每年夏季出现最多，春、秋季温暖的月份也会出现；但到了冬季就绝迹。

裂痕龟纹轮虫显微照片

（2）臂尾轮属 *Brachionus* Pallas

①

中文名称 萼花臂尾轮虫

拉丁名 *Brachionus calyciflorus* Pallas

生物学特征 背甲长约 150 μm（不含前后棘刺），含前后棘刺长约 220 μm；背甲很透明，系长圆形。背甲前端较狭，有 4 个长而发达的棘刺，中间 1 对较两侧的既粗壮又较长，棘刺的基部均呈宽阔的三角形。背甲后端浑圆，或在其两侧有棘刺。足孔位于后端中央，圆形或三角形，两侧的棘刺短小或缺失。

生境 α–β 中污型，在各种淡水水域中（酸性水体除外）均能存在；也可在咸淡水中生存，分布十分广泛。

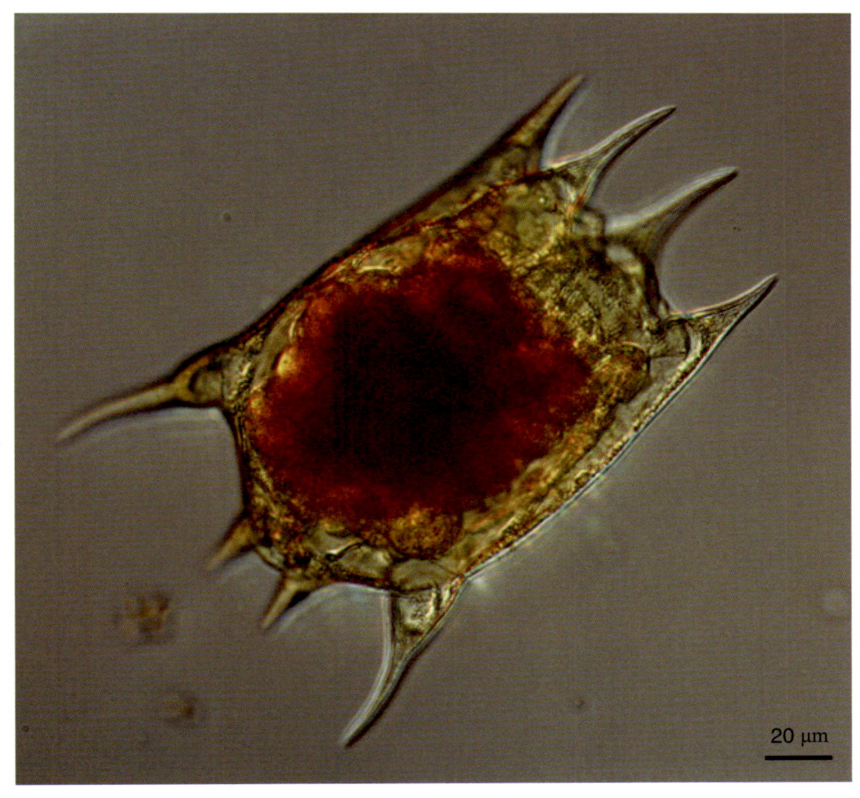

萼花臂尾轮虫显微照片

②

中文名称 剪形臂尾轮虫

拉 丁 名 *Brachionus forficula* Wierzejski

生物学特征 背甲长约 185 μm；背甲腹面扁平，背面略有隆起；背甲表面有微小的颗粒凸起。体呈卵圆形，最宽处在中部。背甲前端有棘刺 2 对，中间 1 对很短，两侧 1 对稍长。后端两侧 1 对棘刺一般很长而粗壮并向内弯转。

生 境 β 中污型，系最普通的种类之一，分布范围很广。它也是一个复合种群，各亚种往往一起出现；在温度较高的夏、秋季节， 在湖泊、池塘中很容易见到。

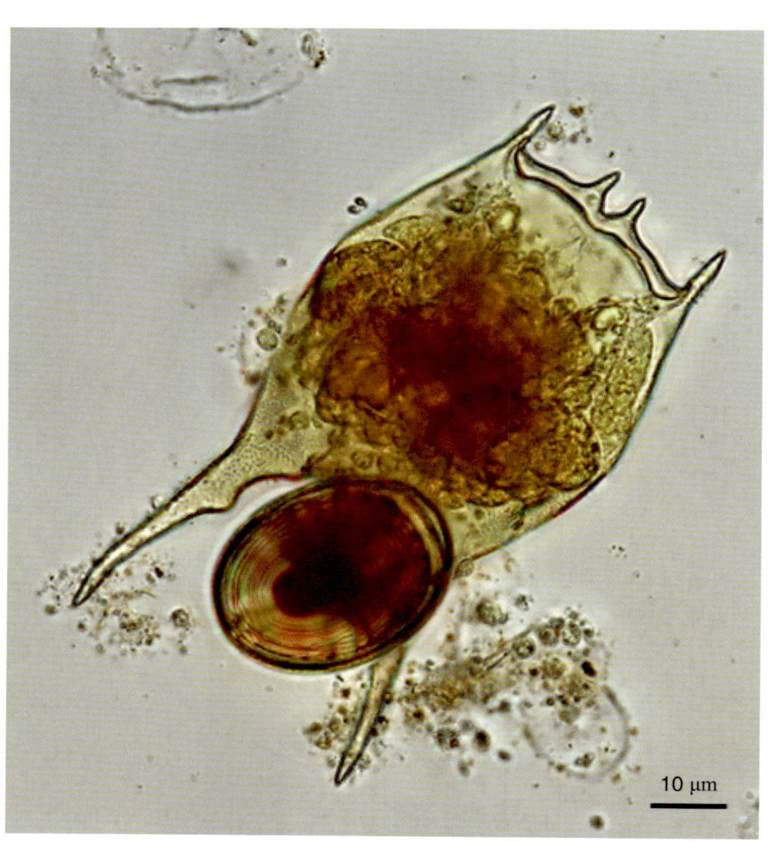

剪形臂尾轮虫显微照片

③

中文名称 角突臂尾轮虫

拉丁名 *Brachionus angularis* Gosse

生物学特征 背甲长 100 μm；背甲前端中央具有 1 对小棘刺，棘刺间形成一很明显的“V”形缺刻。背甲后端两侧浑圆无棘刺，中央末端有一马蹄形的足孔，孔两旁也有 1 对棘状凸起，其尖端向内弯转。

生境 α-β 中污型，角突臂尾轮虫为一广生性种类，广泛分布于各类淡水水域，如湖泊、池塘、河流等；也有可能在咸淡水中出现。

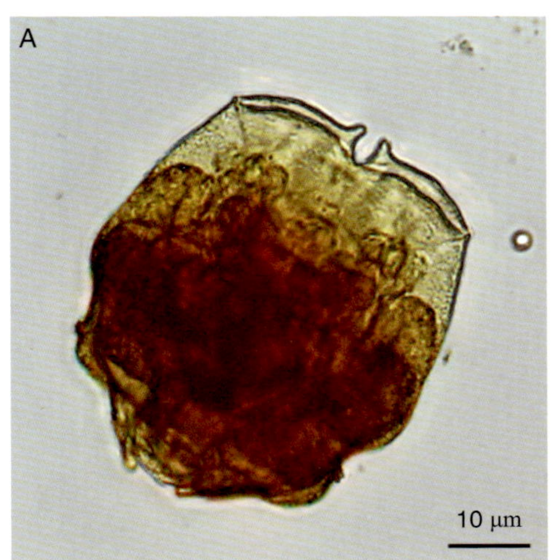

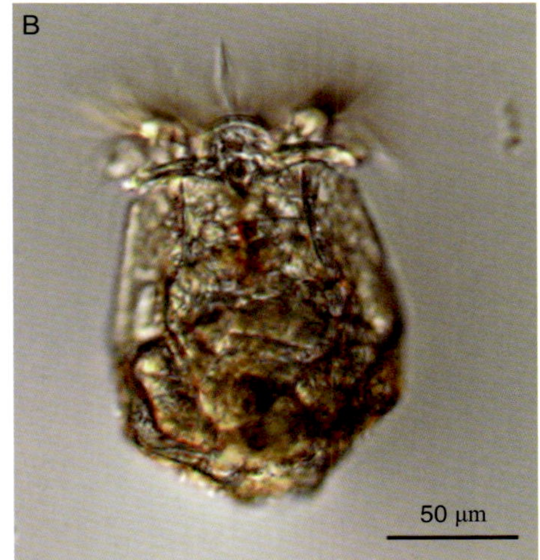

角突臂尾轮虫显微照片

④

中文名称 方形臂尾轮虫

拉丁名 *Brachionus quadridentatus* Herrmann

生物学特征 背甲长约 170 μm；背甲较宽阔，略呈方形，背腹甲表面上往往有颗粒状分布。前端 3 对棘刺以中央 1 对最为发达，其尖端又分向两侧弯转；第 2 对（亦称亚中棘刺）最短。背甲后端的两侧的棘刺较长。足孔管状，在腹面两侧有短的棘刺。

生境 β 中污型，它是一种广生性种类，在淡水、咸淡水和咸水中都有发现；在湖泊、池塘、河流的敞水带或水生植物丛中均能采到。

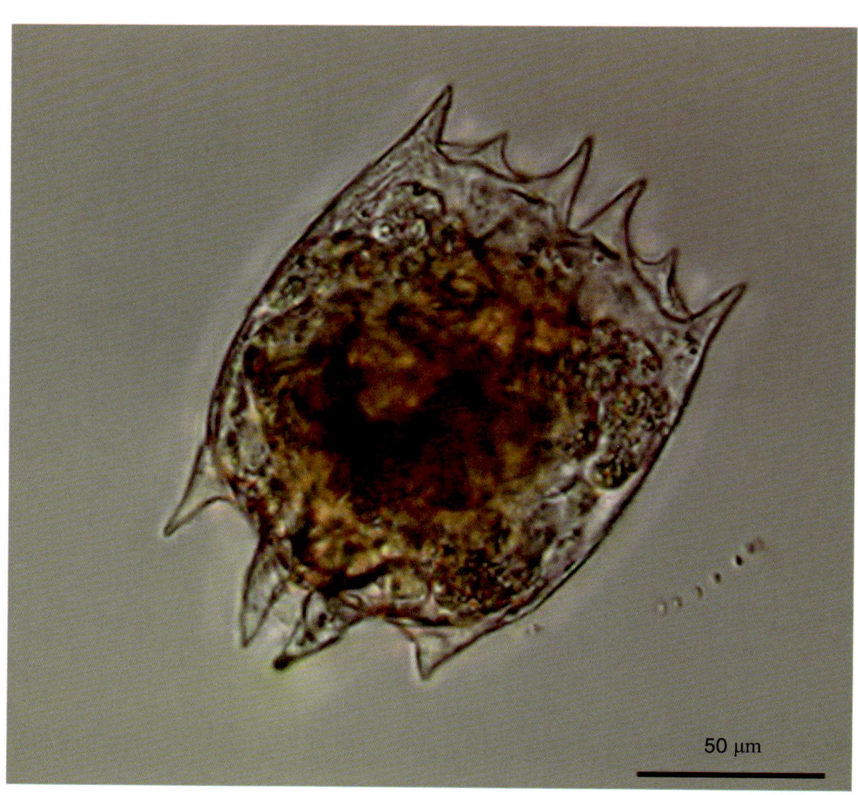

方形臂尾轮虫显微照片

⑤

中文名称 尾突臂尾轮虫

拉 丁 名 *Brachionus caudatus* Barrois et Daday

生物学特征 背甲长约 260 μm；背甲呈卵圆形，表面光滑或具有不同的饰纹。前端通常具有 1 对不太发达的前中棘刺，有时也有 2 对或 3 对棘刺。背甲末端足孔两侧的棘刺很长，向外伸展呈圆规状。

生　　境 一般分布在热带、亚热带的富营养型水体中；在长江中下游湖泊、池塘、河流等水域中比较常见。

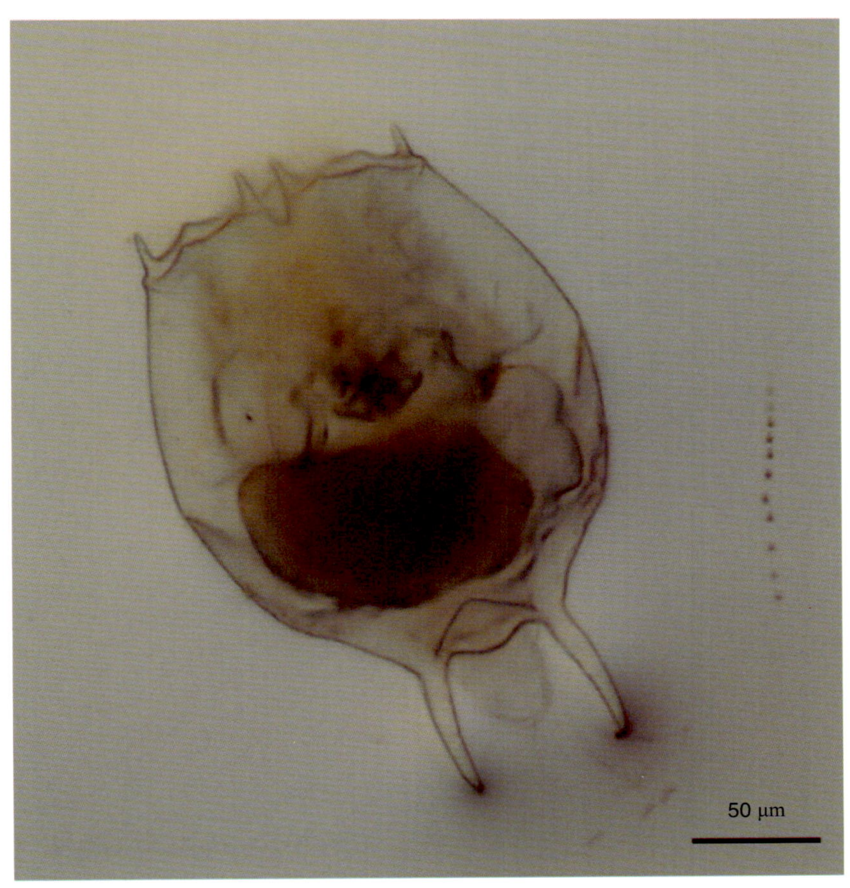

尾突臂尾轮虫显微照片

（3）龟甲轮属 *Keratella* Bory de St.Vincent

①

中文名称	矩形龟甲轮虫
拉丁名	*Keratella quadrata* Müller
生物学特征	背甲长约 200 μm；背甲呈长方形，后端 1/3 处为最宽；背面隆起，腹面扁平。背甲上排列有多角形的龟板，中央龟板中有 2 个是完全封闭的六角形龟板，最后端的中龟板末端不封闭，两侧有侧线。背甲前端有 3 对棘刺，一般以中央 1 对最长。后端亦有 1 对等长或不等长的棘刺。
生境	寡污 -β 中污型，矩形龟甲轮虫是典型的浮游种类，遍布我国各地，特别在长江中下游湖泊、池塘中十分常见。

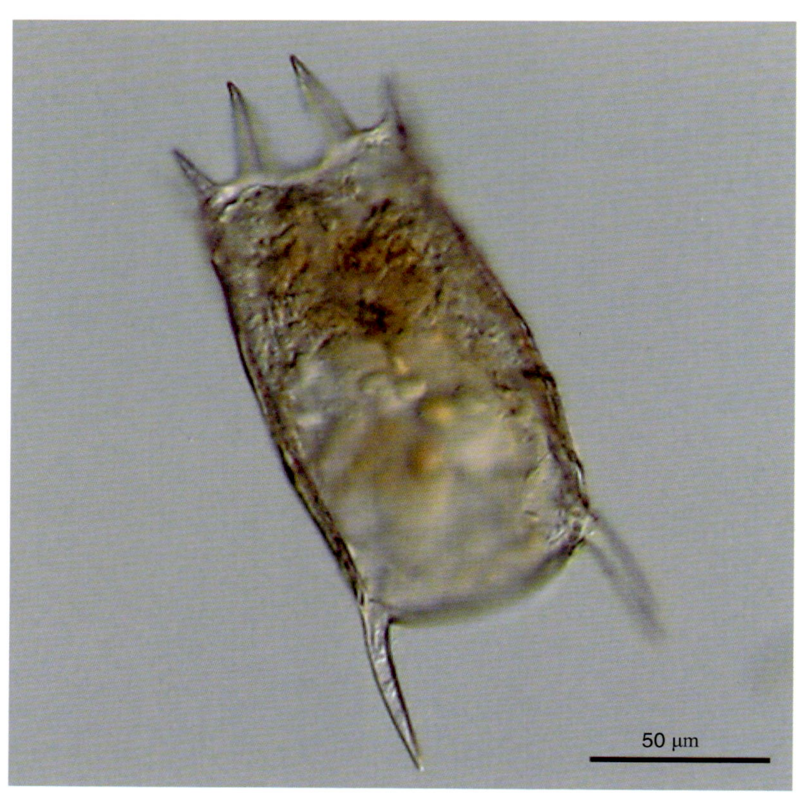

矩形龟甲轮虫显微照片

②

中文名称 螺形龟甲轮虫

拉丁名 *Keratella cochlearis* Gosse

生物学特征 背甲长 120 μm；背甲非常凸出，腹甲扁平或略形凹入。背甲中央有一条长短不等的脊棱，亦称为“龙骨”。一般来说，脊棱两侧各有 2 个完全封闭的龟板；有的种类因脊棱较短，两侧各有 1 个完全封闭的龟板。背甲前端有 3 对棘刺，中间 1 对最长，往往向两侧弯曲；后端一般存在后棘刺，但变化颇大，甚至有完全缺失的。

生境 寡污 –β 中污型，是典型的浮游生物，分布极为广泛，几乎遍布各种不同类型的淡水水域。

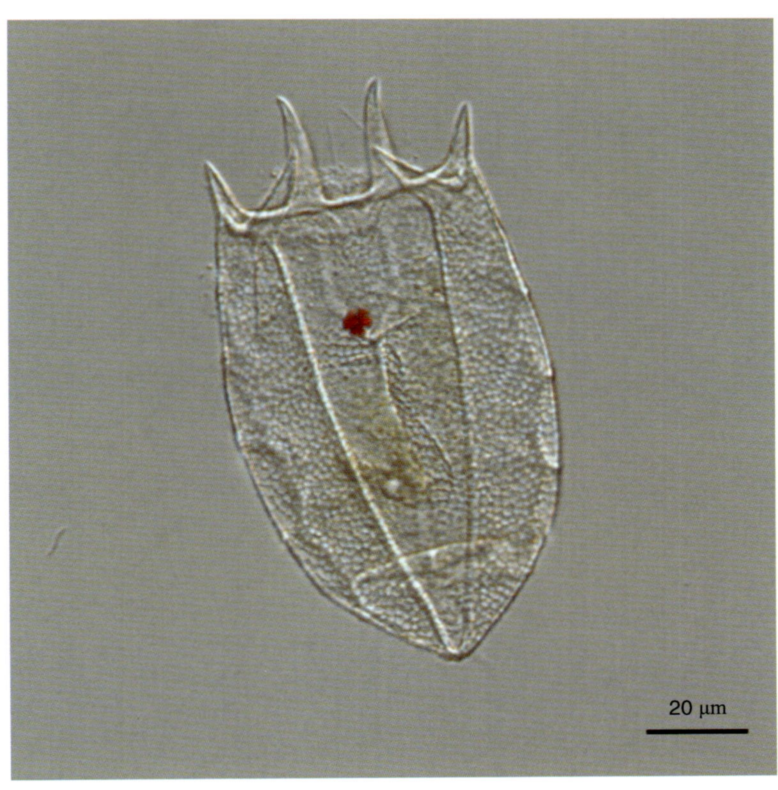

螺形龟甲轮虫显微照片

③

中文名称 曲腿龟甲轮虫

拉 丁 名 *Keratella valga* Ehrenberg

生物学特征 背甲长约 200 μm（包含前后棘刺），不含前后棘刺长约 125 μm；背甲狭长，前端比后端宽，背甲的最宽处在体中央或靠近体前端。前棘刺 3 对，中间的 1 对要比两侧要长。后棘刺 1 对，一般比较长，且不等长。1 对后棘刺的长度变化较大，由长度相差不大，到左棘刺有可能完全退化。背甲中央有 2 个封闭的六边形龟板，末端有分叉的龟纹，无方形的中央小甲片。

生 境 寡污 -β 中污型；曲腿龟甲轮虫是一种广温性浮游性轮虫，遍布各地；在长江以南的各类淡水水体中较为常见，且数量较多。

曲腿龟甲轮虫显微照片

（4）扁甲轮属 *Plationus* Segers et al.

中文名称 十指扁甲轮虫

拉丁名 *Plationus patulus* Müller

生物学特征 背甲长约 245 μm（包含前后棘刺）；背甲坚硬，略呈四方形。背面稍凸出，腹面扁平。前端边缘有 10 个棘刺，6 个从背面伸出，4 个从腹面伸出。后棘刺短或中等长度，在其基部有侧触手。背甲和棘刺有细齿或龟纹。足分 3 节，足孔不对称。足末端有 2 个等长的趾。有眼点。

生境 β 中污型，十指扁甲轮虫分布广泛，生活于沉水植物间，生活方式底栖、浮游兼而有之，能忍耐污染的环境。仅在 45 号池中检出（WEP6）。

十指扁甲轮虫显微照片

3 狭甲轮科 Colurellidae
狭甲轮属 *Colurella* Bory de St.Vincent

中文名称 钩状狭甲轮虫

拉 丁 名 *Colurella uncinata* Müller

生物学特征 背甲长约 105 μm；背甲相对较宽，略呈长卵圆形。背面前后端向中部显著隆起而凸出；腹面的裂缝前、后端裂开明显呈“V”形，中间呈密合状。背甲侧面后端显著地细削，形成一有尖端的锐角。背甲前端掩盖头冠的钩状小甲片，相当长而发达。足 4 节；趾 1 对，左右两趾往往并列在一起。眼点 2 个，位于脑两侧，呈深红色。

生 境 寡污 –β 中污型，钩状狭甲轮虫系广生性种类，淡水、咸淡水、海水中均有分布。在华东、华中、东北、西北等凡调查过的湖泊、池塘等水体中均有发现。它虽然能游泳，但主要以底栖生活为主，经常出没于沉水植物之间。

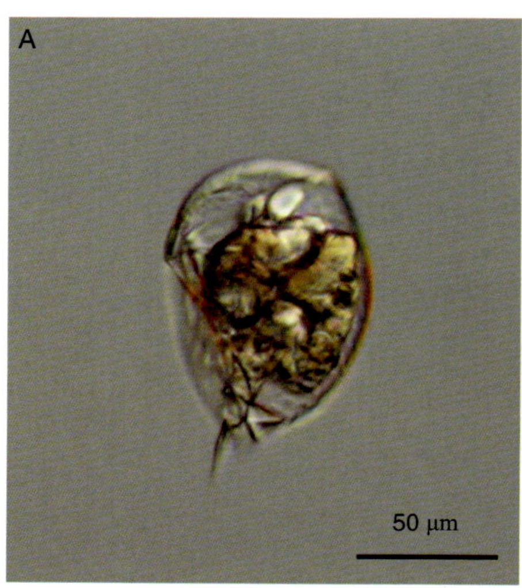

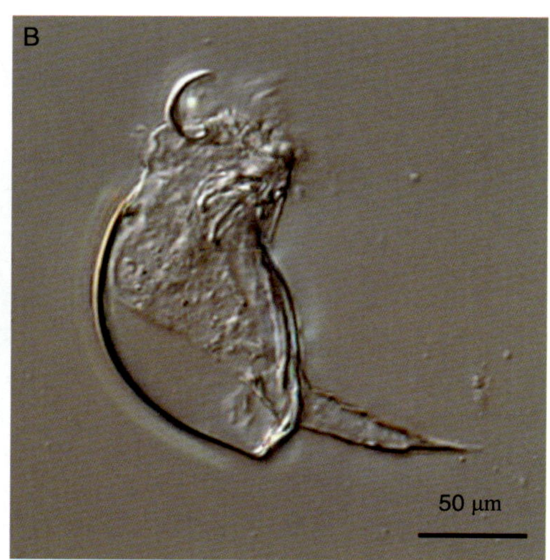

钩状狭甲轮虫显微照片

4 鬼轮科 Tritrotriidae
鬼轮属 *Trichotria* Bory de St.Vincent

中文名称 方块鬼轮虫

拉丁名 *Trichotria tetractis* Ehrenberg

生物学特征 全长约 340 μm；体呈圆筒形，除了趾外，自头至足部都为一层坚厚的背甲包裹。背面显著地隆起而凸出，腹面或多或少平直。躯干背甲特别坚硬，总是隔成一定数目凸出的甲片，其上有微小的粒状凸起。足 3 节；第 1 足节短而宽，两侧有 1 对短而尖锐的侧刺；第 2 足节略长，它的前端为第 1 足节的附甲片所遮盖，背面往往有很短的乳头状凸出；第 3 足节也很短，末端无短刺。趾 1 对，没有为背甲所包裹，细而长。

生境 寡污 –β 中污型，是一广生性种类，一般在沼泽、池塘、浅水湖泊等水体中常常有发现。

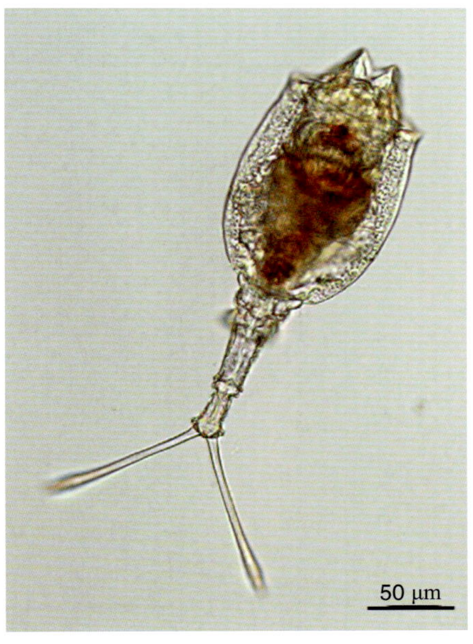

方块鬼轮虫显微照片

5 棘管轮科 Mytilinidae
棘管轮属 *Mytilinia* Bory de St.Vincent

中文名称 腹棘管轮虫

拉丁名 *Mytilina ventralis* Ehrenberg

生物学特征 背甲长约 105 μm（不含前后棘刺）；背甲坚硬，背甲从前端直到后端，总是裂开而形成一相当宽阔的背沟。背甲前端无棘刺，腹甲很宽阔，前端有两个短的棘刺。背甲的颈部往往有稀疏的粒状凸起，其他部分则较光滑。背甲后端共有比较长的棘刺 3 个，1 对腹后棘刺很长；1 个单独的后背棘刺比较短，能做少许活动。

生境 寡污型，是最常见的种类之一，生活习性以底栖为主，常出没于沉水植物之间，在池塘、湖泊中都可能会出现。

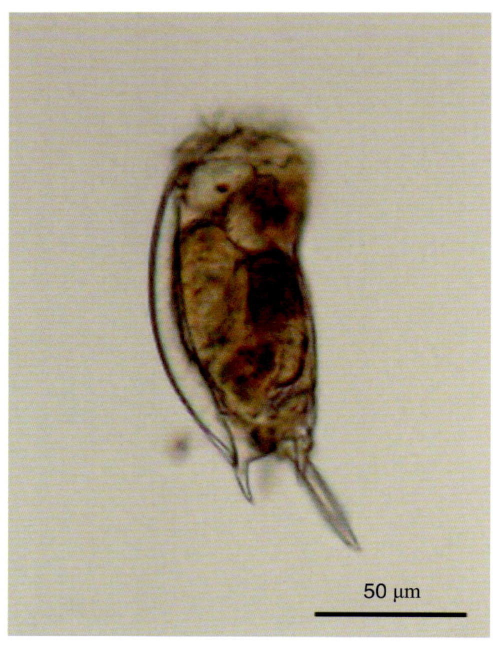

腹棘管轮虫显微照片

6 须足轮科 Euchlanidae
须足轮属 *Euchlanis* Ehrenberg

中文名称 大肚须足轮虫

拉丁名 *Euchlanis dilatata* Ehrenberg

生物学特征 全长约 440 μm，背甲长 310 μm，趾长约 90 μm；背甲从背面或腹面观呈卵圆形。背甲前端边缘显著下沉，形成一宽阔或浅或深的凹陷。从背甲的横切面来看，背甲或多或少隆起，它的高度和形式变异很大。背甲浑圆的后端，中央总是深深地凹入，形成一“V”或“U”形缺刻。腹甲扁平，略小于背甲。足 2 节，细而短；第 1 足节背面具 1 对细刚毛。趾 1 对，剑形或片条形。眼点 1 个，位于脑背面。

生境 寡污 -β 中污型，该种属于广生性种类，一般夏、秋季节数量较多；从沼泽到深水湖泊，淡水到咸水凡是沉水植物和丝状藻类间均有可能存在。

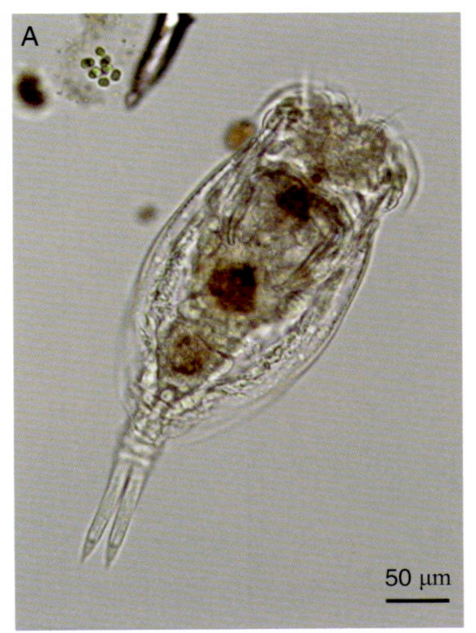

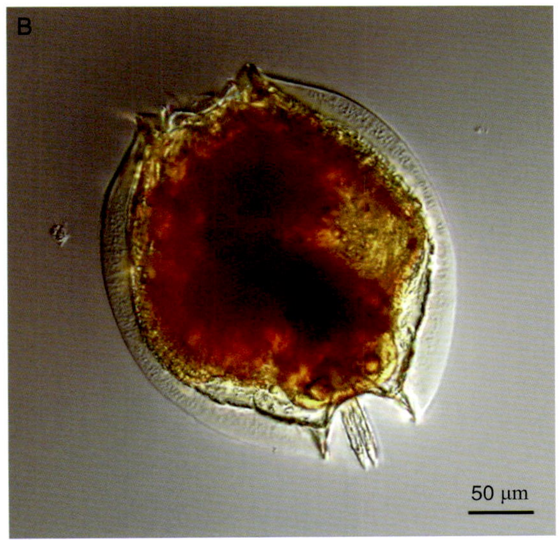

大肚须足轮虫显微照片

7 水轮科 Epiphanidae
多突轮属 *Liliferotrocha* Sudzuki

中文名称 微型多突轮虫

拉丁名 *Liliferotrocha subtilis* Rodewald

生物学特征 体长约 135 μm；体纵长，蠕虫形，体表无横褶环。侧面观体表有许多乳头状凸起，乳突上常粘有碎屑。足退化。趾柔软肥厚，形状变异，可收缩，在趾的背面基部有一明显的凸起。体末端常携卵。

生境 微型多突轮虫是一喜温性种类，习居于湖泊、池塘中。在夏季一些富营养的水体中往往形成优势种群。仅在 21 号池中检出（WP3）。

微型多突轮虫显微照片

8 腔轮科 Lecanidae
腔轮属 *Lecane* Nitzsch

①

中文名称 蹄形腔轮虫

拉丁名 *Lecane ungulate* Gosse

生物学特征 背甲长约 270μm（不含趾），趾长 120μm（含爪）；背甲轮廓呈宽阔的卵圆形。背甲前端边缘相当平直；腹甲前端边缘凹陷成浅的“U”形，前端两侧的棘刺成一粗壮的三角形的尖角（或称壮刺）。背甲卵圆形，后端少许凸出或接近平直，表面光滑且无皱痕。腹甲略狭于背甲，在第 2 足节处变狭，并向下形成一舌形尾凸起，它超过第 2 足节。腹甲表面也相当光滑，只有一明显的折痕横贯在足的前面。侧沟相当深。第 1 足节较长，但不易观测清楚；第 2 足节较短而坤。趾 1 对，细长略弯曲；爪细长，一般超过 20 μm，它的基部有一明显的附刺。

生境 寡污 –β 中污型，蹄形腔轮虫分布十分广泛，是广生性种类，夏秋季节数量较多，主要栖息于不同类型淡水水体的沿岸带沉水植物间。

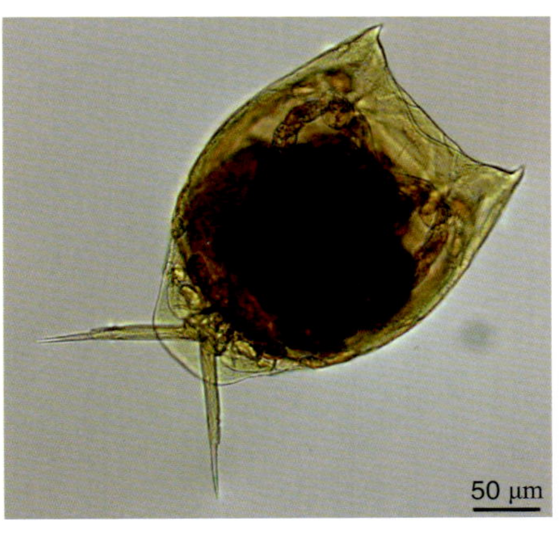

蹄形腔轮虫显微照片

②

中文名称 似月腔轮虫

拉 丁 名 *Lecane lunaris* Ehrenberg

生物学特征 背甲长约 125 μm（不含趾），趾长约 70 μm（含爪）；背甲呈宽阔的卵圆形。背甲表面相当光滑，前端边缘显著地较腹甲狭，具有半月形或“V”形的下沉凹痕，凹痕底部浑圆。腹甲前端边缘很宽，它的“V”形凹痕下沉的程度较背甲深，两侧角呈钝角状，两侧角间的距离大于背甲宽度的 1/2。在足的前面有一或多或少呈波浪起伏的横褶。尾凸起发达，后端浑圆，大部分凸出于背甲之后。第 1 足节比较短，两侧几乎平行；第 2 足节呈四方形，末端不超过背甲末端。趾细长、笔直，两侧平行；爪亦细长而尖锐，大多数融合，极少数分离。

生 境 寡污 -β 中污型，似月腔轮虫是一广生性种类，习居于水生植物丰富的静水或流水水域的沿岸带；在沼泽中也能发现。在我国分布广泛。

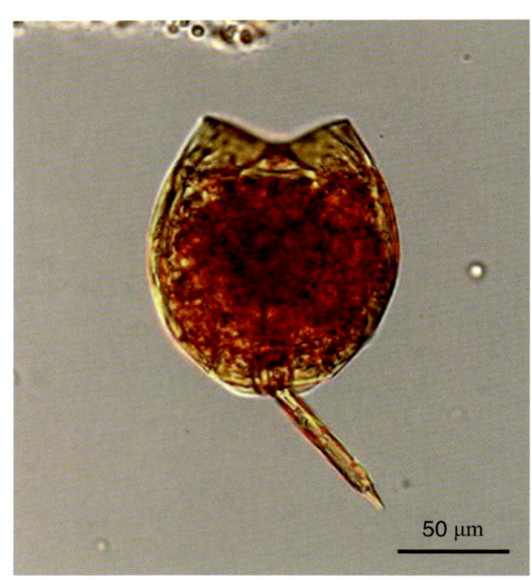

似月腔轮虫显微照片

③

中文名称 囊形腔轮虫

拉 丁 名 *Lecane bulla* Gosse

生物学特征 背甲长约 160 μm（不含趾），趾长约 80 μm（含爪）；背甲系长卵圆形。背甲略大于腹甲，腹甲扁平且有深的横沟；背甲强烈拱起，前端有一浅的半圆形凹陷；腹甲前端有一很大而深的“V”字形凹痕，两侧角间的距离不足背甲宽度的 1/2。背甲、腹甲之间的侧沟相当深，自侧面观察非常清楚。第 1 足节短而宽，第 2 足节也很短，不超过背甲末端。趾长，向腹面弯曲；爪尖细，中间有一明显的分裂槽，有 2 个小附爪。

生 境 寡污 -β 中污型，有很高的水温和 pH 忍耐性，在淡水、咸水、海水等水域均可出现；不过这种轮虫最适宜的居住环境应是水生植物比较繁茂、有机质较多的沼泽和池塘。在我国分布广泛。

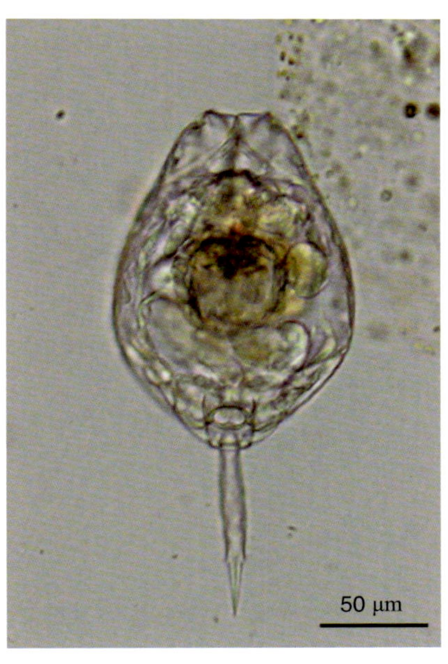

囊形腔轮虫显微照片

④

中文名称 四齿腔轮虫

拉 丁 名 *Lecane quadridentata* Ehrenberg

生物学特征 背甲长约160μm（不含趾），趾长约85μm（含爪）；背甲呈很宽的卵圆形，背甲比腹甲宽，其最宽之处位于背甲的后半部。背甲前端两侧向上很尖锐地凸出，形成1对侧刺，侧刺的尖头有时少许向内弯转；2个侧齿之间尚有1对镰刀状的长刺，长刺很显著地向外弯转，中间有一下沉的凹痕。腹甲前端边缘的凹痕略呈三角形，比背甲前端的凹痕更深而宽；腹甲上在足的前面有时有一横的折痕。侧沟在背甲和腹甲之间相当深而明显。后腹部比较小，其后端浑圆。第1足节呈狭长的卵圆形；第2足节为长方形，略凸出于背甲之外。趾长，两边平行，趾边缘往往呈波纹状；爪1个，较长，其基部有1对很细弱的附刺。

生 境 寡污–β中污型，是一种广生性种类，有较高的温度和pH忍耐范围。主要栖息于淡水水域的沿岸带水生植物茂盛之处，也有可能在咸淡水中出现。

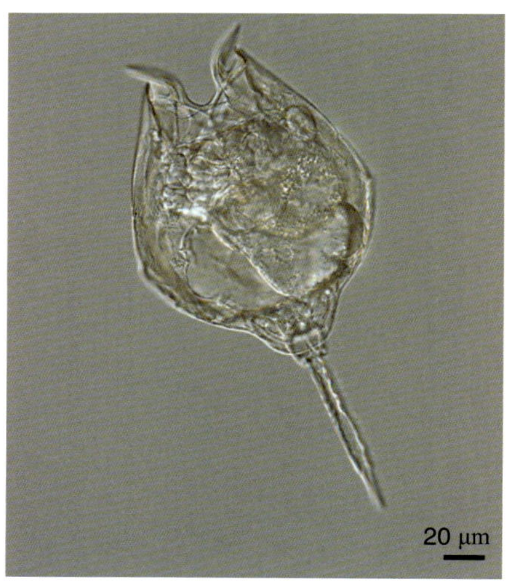

四齿腔轮虫显微照片

⑤

中文名称 史氏腔轮虫

拉 丁 名 *Lecane stenroosi* Meissner

生物学特征 背甲长约 110μm（不含趾），趾长约 40μm（含爪）；背甲卵圆形，较腹甲狭，前端边缘比较狭而较平直，有两条纵长的条纹，由前向后斜行，并在后端有一横纹连接在一起。腹甲前端边缘的中央具有一浅而浑圆的凹痕，自凹痕向两旁显著地凸起并分别向上弯转，在两侧各形成一短而粗壮的、向内弯转的钩状前侧刺。腹甲圆形，其后半部的两侧和后端边缘都凸出在背甲边缘的外面。腹甲上在足的前面有 1 条很显著的横的折痕。侧沟比较深，特别在前半部的侧沟更深。足的第 1 节呈卵圆形，但不十分明显；第 2 节相当宽阔，或多或少呈菱形，不凸出于体之末端。趾相当长，呈圆柱形或纺锤形；爪短而粗壮，末端很尖锐，趾和爪的连接处的两侧形成锐角。

生 境 寡污 –β 中污型，本种分布广泛，在东北、长江中下游一些有水草生长的湖汊、池塘等水体中均有发现。仅在 34 号池中检出（P4）。

史氏腔轮虫显微照片

9 椎轮科 Notommatidae
长肢轮属 *Monommata* Bartsch

中文名称 长肢轮虫

拉丁名 *Monommata* sp. Bartsch

生物学特征 右趾长约 210μm；身体呈长圆形或纺锤形，头与躯干之间有颈环。皮层薄，但很柔韧，侧面和背面均有纵的条纹。足 2～3 节，有时分节不显著。趾 1 对，很长，它们的长度总是超过身体的长度，而且不等长，右趾总是长于左趾（*M. aequalis* 例外）。趾的基部相当粗壮，自粗壮的基部逐渐向针状的后端尖削，表面具有很细的横纹。背触手单个或 1 对，脑眼位于脑后端。

生境 寡污型。

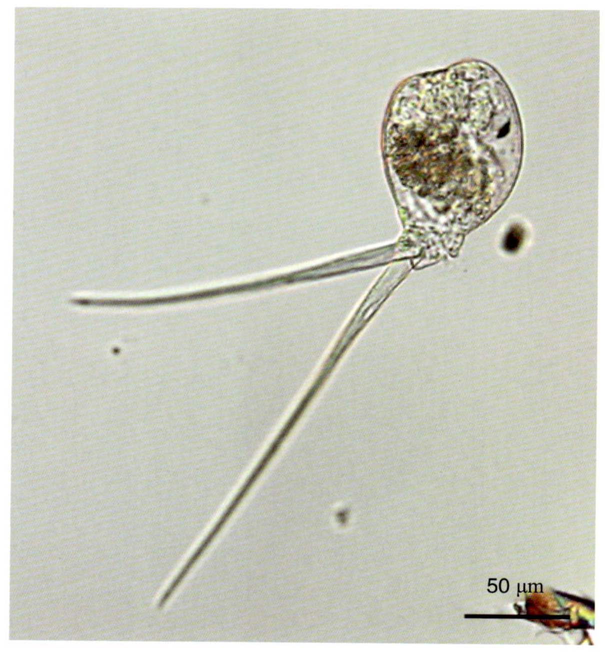

长肢轮虫显微照片

10 高跷轮科 Scarididae
高跷轮属 *Scaridium* Ehrenberg

中文名称 高跷轮虫

拉 丁 名 *Scaridium* sp. Ehrenberg

生物学特征 全长约 440 μm，体长约 140 μm，第一足节约 13 μm，第二足节约 38 μm，第三足节约 86 μm，趾长约 170 μm；体纵长，有薄的背甲。头部两侧有 2 对叶突，在轮冠与背触手之间出现背腹裂沟，头冠是一圈边缘纤毛环，在背侧中断，轮冠的腹面有较硬的围口刚毛和腹侧面的纤毛。躯干有 2 对长褶。无眼点。咀嚼囊前端有 1 个红色的颗粒。足分 3 节，第 1 节短，第 2 特别是第 3 节很长；趾 1 对，长而细。

生 境 寡污型。一般喜生活在有水生植物分布的水体中。

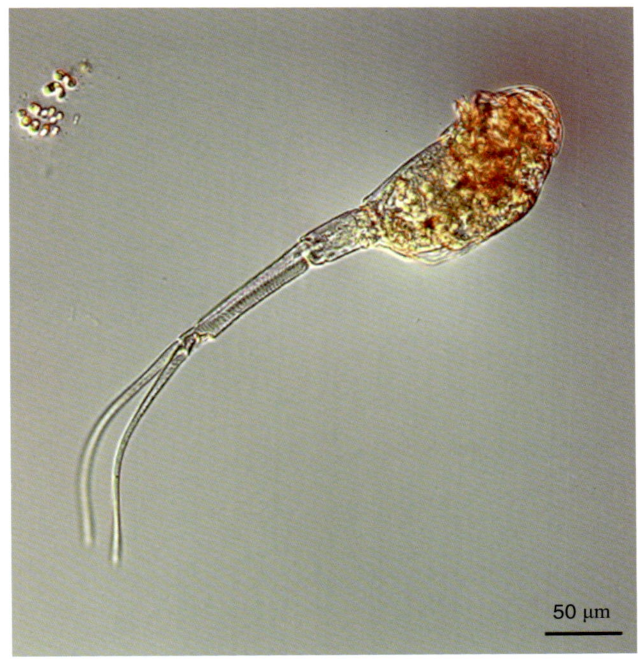

高跷轮虫显微照片

11 异尾轮科 Trichocercidae
异尾轮属 *Trichocerca* Lamarck

①

中文名称 田奈异尾轮虫

拉丁名 *Trichocerca* (Diurella) *dixon-nuttalli* Jennings

生物学特征 体长约148μm，左趾长约56μm；背甲近似圆筒形，末端尖削。背面或多或少弯转而凸出；腹面接近平直，或少许凹入一些。头部甲鞘前端有一定数目的纵长的折痕，将甲鞘裂成不少纵长的折片；所有折片顶端都平直或浑圆，当本体完全收缩时，这些折片顶端能汇集在一起，把孔口至少部分地掩盖起来。背甲背面有一下沉的凹沟，自头部最前端起，一直到颈环的再后面一些为止。足系短的倒圆锥形，能够自由伸缩。趾1对，总是紧密地并列在一起；左趾较长，它的长度超过体长的1/3，一般不超过50μm。右趾相对较长，它的长度约为左趾长度的2/3。每1个趾的基部附有1个很短的附趾。眼点位于脑的后端。背触手从凹沟内颈环的中部射出。侧触手1对；右侧触手靠近身体最后端射出，左侧触手射出的方位则远在右触手的前面。

生境 寡污型，田奈异尾轮虫分布广泛，它适宜的居住环境应是水草繁茂的沼泽、池塘，一般以周丛生物或偶然性浮游生物形式出现

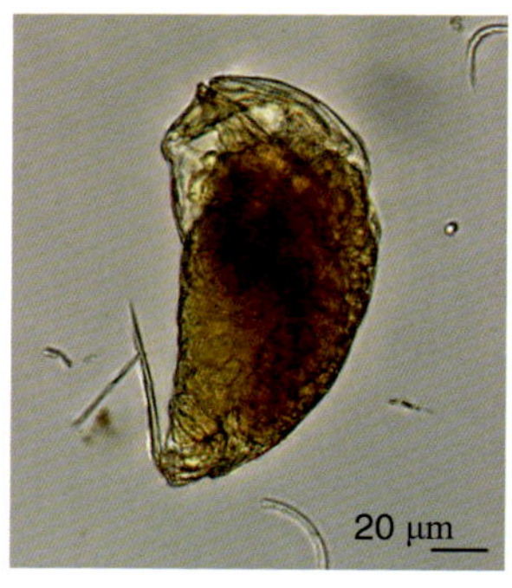

田奈异尾轮虫显微照片

②

中文名称 纤巧异尾轮虫

拉 丁 名 *Trichocerca* (Diurella) *tenuior* Gosse

生物学特征 体长约 122μm；背甲纵长，接近圆筒形。背面很显著地凸出，腹面略凹。有紧缩的颈圈；头部甲鞘上也有纵长的褶痕，将头部的前半部隔成不少纵长的褶片，当完全收缩时，褶片凸出的顶端缩小到甲鞘的孔口。甲鞘前端有一相当发达的尖齿。1 条纵长斜行的脊状隆起，自尖齿的基部起伸展到本体的中部或稍稍往下延伸一些，表面有显著的横纹可见。足相当发达，呈宽的圆锥形，与躯干的分界明显。趾 1 对，不等长。左趾长为体长的 1/2，右趾等于或短于左趾的 1/2。附趾基部较宽，外侧有细刺。眼点位于脑的后端；背触手位于眼点前面；侧触手 1 对，从靠近躯干后端的两旁射出。

生 境 寡污 –β 中污型，纤巧异尾轮虫是一广生性种类，分布广泛，各种淡水湖泊、池塘中均可发现；在藻类“水华”群丛间以及沿岸的水生植物、砂栖生物间也可能有它的踪迹。仅在 24 号池中检出（P3）。

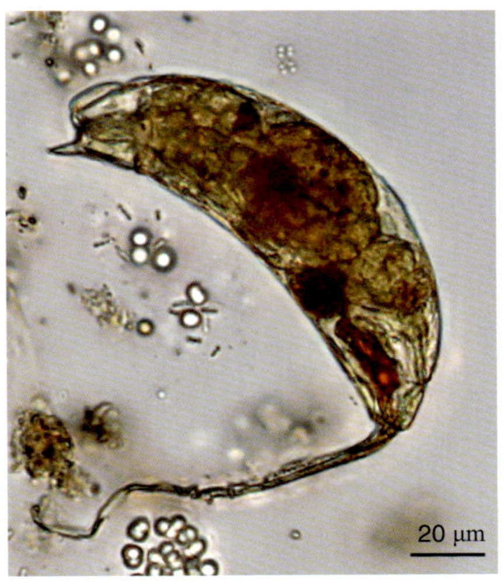

纤巧异尾轮虫显微照片

③

中文名称 等棘异尾轮虫

拉　丁　名 *Trichocerca* (Diurella) *similis* Wierzejski

生物学特征 体长约 195 μm，左趾长约 50 μm；背甲纵长，末端较细，呈倒圆锥形。头部甲鞘相当宽而短，与躯干部交界处有一颈环凹痕。头部甲鞘的腹面和两侧具有不少纵长的褶痕，当身体收缩时，形成许多纵长的褶片。头部背面具有 2 个同样长短、有时能活动或交叉的棘刺。两棘刺下面有脊状隆起，虽低矮但比较清楚，脊状隆起间有狭长的横纹区。足 2 节，基节发达，很宽阔；末节较细，呈圆柱形。背甲末端像屋顶样覆盖在基节上方。趾 1 对，左趾略长于右趾，基部有附趾。背触手 1 个，位于颈圈下面横纹区；侧触手 1 对，极不对称，左侧触手自身体前半部伸出，右侧触手从躯干部中下端伸出。

生　　境 寡污型，本种是广生性轮虫，分布很广泛，一般在贫－中营养的水体中较多，是典型的浮游性种类。

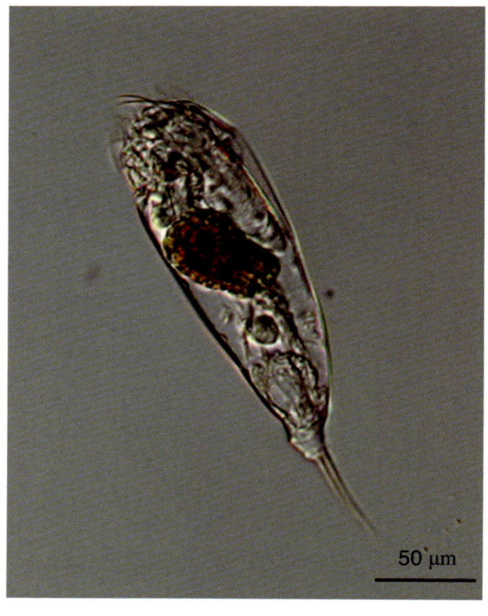

等棘异尾轮虫显微照片

④

中文名称 暗小异尾轮虫

拉 丁 名 *Trichocerca pusilla* Lauterborn

生物学特征 全长 110～175 μm；体长 70～115 μm；背甲短小而厚实，背甲前端亦呈波浪型，有乳状凸起， 具有很微弱的纵褶。 背面自头部右侧的最前端起有一狭小而下沉很浅的凹沟，一直斜行伸展到背面中央。背甲头部与躯干部交界处有一相当明显紧缩的刻纹或颈圈。足短小，左趾较长，超过体长的 1/3 。基部或多或少略显弯曲；右趾很短。此外，尚有附趾存在。眼点总位于脑末端背面，呈淡红色。侧触手 1 对，右侧较短，从足部射出；左侧从体后端 1/3 处射出。

生　　境 暗小异尾轮虫是一广生性种类，广泛分布于湖泊、池塘中；也可在咸淡水中生活，是一典型的浮游生物。

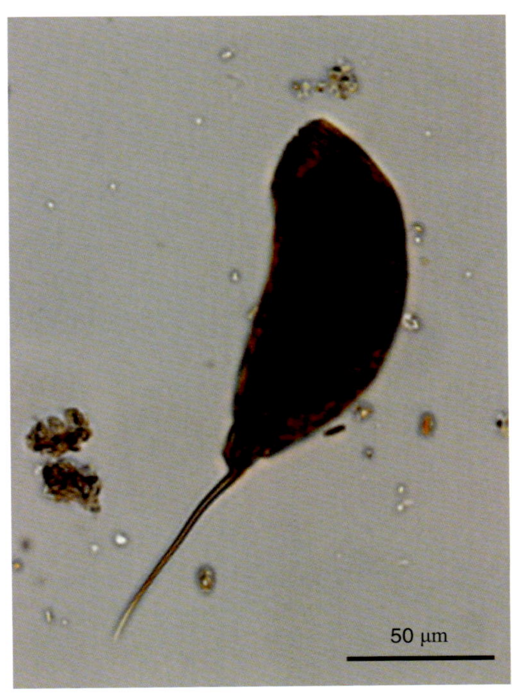

暗小异尾轮虫显微照片

12 镜轮科 Testudinellidae
镜轮属 *Testudinella* Bory de St. Vincent

中文名称 盘镜轮虫

拉丁名 *Testudinella patina* Hermann

生物学特征 全长约 145 μm；背甲非常透明，系 2 片扁平的、接近匀称的背腹甲在两侧和后端彼此愈合在一起而形成。从背面或腹面观背甲几乎呈 1 个扁的圆盘。背甲前端腹面形成一相当深的“V”形缺刻，背面边缘则很平稳或少许呈波状的弯曲。腹甲 1/3 的后端有一圆形或卵圆形的足孔。足呈长圆筒形，前半部具有相当密的环状沟纹，后半部表面则光滑，末端的内面还着生 1 圈相当长的纤毛。侧触手 1 对，位于体前半部两旁；背触手也位于体前半部背面。

生境 β 中污型，盘镜轮虫是一广生性种类，在淡水、海水、咸淡水中均能发现；习性虽以底栖为主，但也善于浮游；在沉水植物多的沼泽、池塘、浅水湖泊中十分常见。

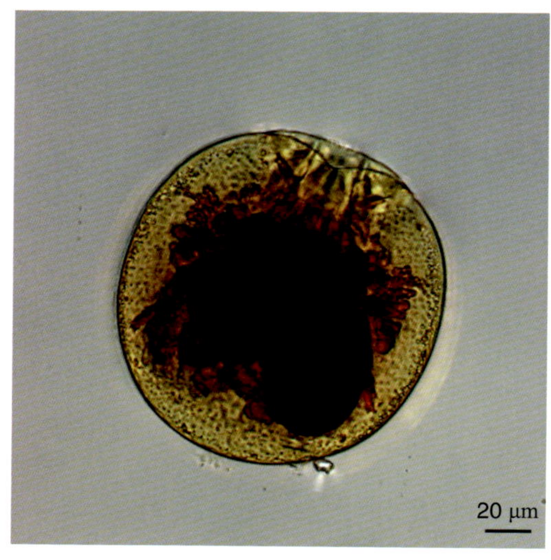

盘镜轮虫显微照片

13 旋轮科 Philodinidae
旋轮属 *Philodina* Ehrenberg

中文名称 橘色旋轮虫

拉 丁 名 *Philodina citrina* Ehrenberg

生物学特征 全长大于 310 μm；身体相当粗壮，皮层上有斑点；躯干部总是呈橘色或橘黄色，并具若干纵褶；头、颈及足不具任何颜色。两个轮盘分得很开，盘顶有乳状凸起和 1 根长的触毛。上唇向前伸展可达到轮盘的高度，其前缘宽阔，微凹。前端轮盘最宽，头其次，颈最狭。背触手短而粗，2 节，末端具纤毛。躯干部比足部宽阔得多，界限分明。足短而粗，有 4 节。刺戟基部不连续，末端尖而分节；趾 1 对。1 对红色的眼点位于脑的后方。

生 境 寡污 -β 中污型；橘色旋轮虫主要生活在水草及藻类植物上。

橘色旋轮虫显微照片

枝角类

1 溞科 Daphniidae

（1）网纹溞属 *Ceriodaphnia* Dana

中文名称 角突网纹溞

拉丁名 *Ceriodaphnia cornuta* Sars

生物学特征 体长约 700 μm；体近椭圆形，较侧扁。后背角明显向后尖凸。后腹角与前腹角均浑圆。壳瓣大多呈多角形的网纹。头部小，倾垂于腹侧。颈沟很深。无吻。复眼大，充满头顶。单眼小，呈圆点状。第 1 触角短小，稍能活动。第 2 触角有 9 根游泳刚毛。在吻的部位有一尖的凸起。

生境 嗜暖性。栖息于湖泊、水库、池塘、水沟、泥潭以及水稻田中，经常成为各类水域中的优势种类。

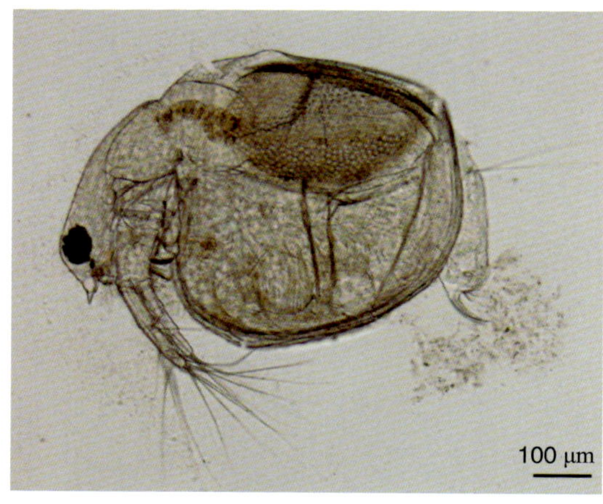

角突网纹溞显微照片

（2）船卵溞属 *Scapholeberis* Schoedler

中文名称 壳纹船卵溞

拉丁名 *Scapholeberis kingi* Sars

生物学特征 体长约 820 μm；头短，约占体长的 1/4。壳瓣的前缘呈圆弧状，后缘也比较隆起；在壳刺上方，不向内凹陷。腹缘前端的棱角凸起显著，刚毛颇长。壳纹粗，呈网状，靠近后缘有数条与之平行的花纹。

生境 嗜暖性。习居于水坑、池沼等小型水域以及水稻田中，也可生活在水温高达 35℃的温泉中。

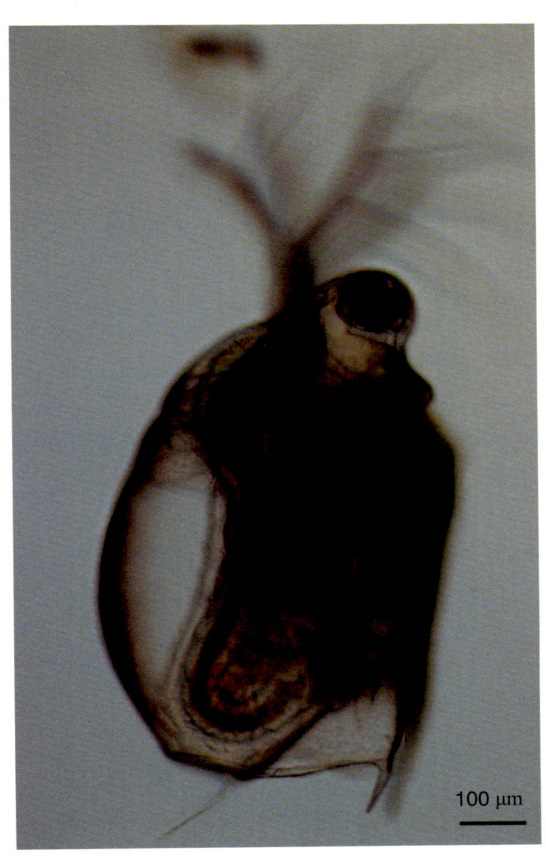

壳纹船卵溞显微照片

（3）低额溞属 *Simocephalus* Schoedler

中文名称	老年低额溞
拉丁名	*Simocephalus vetulus* O. F. Müller
生物学特征	体长约 890 μm；体大，卵圆形，前狭后宽。头部小而低垂。有颈沟。壳弧很宽。吻短小。后腹部短而宽，在肛门之前的背侧形成一个直角形的凸起，紧接突起骤向内凹，随后却又向外凸出。肛刺 8～10 个，越近尾爪的肛刺越大。壳瓣背缘的后端部分不向外凸出。
生境	广温性。喜生活在水草茂密底泥较深的湖岸边和池沼里。通常利用其游泳刚毛攀附于水草上而不在湖心漂浮。种群早春出现，初冬消失。

老年低额溞显微照片

2 象鼻溞科 Bosminidae
象鼻溞属 *Bosmina* Baird

中文名称 象鼻溞

拉丁名 *Bosmina* sp. Baird

生物学特征 体长约 330 μm；头部与躯干部之间无颈沟。壳瓣后腹角向后延伸成 1 壳刺，其前方有 1 根刺毛，称为库尔茨毛；第 1 触角与吻愈合，不能活动。背侧有许多横走的细齿列，基端部与末端部之间有 1 个三角形的棘齿和 1 束嗅毛。在复眼与吻端中间的前侧生出 1 根触毛（又称额毛）。第 2 触角短小，外肢 4 节，内肢 3 节。

生境 主要栖息于湖泊中，间或也生活在江河以及较小的水域中。多生活在敞水区，也出现于沿岸区。

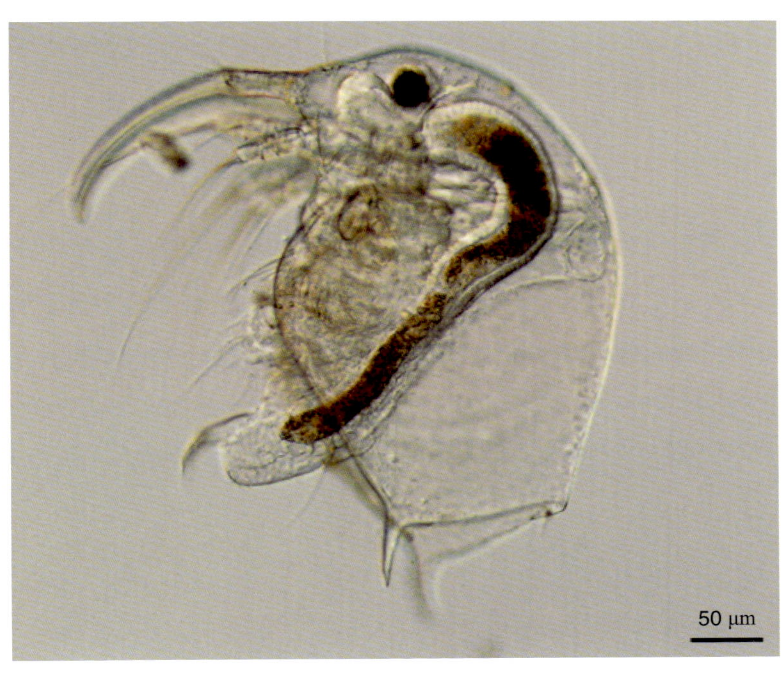

象鼻溞显微照片

3 粗毛溞科 Macrothricidae
泥溞属 *Ilyocryptus* Sars

中文名称 底栖泥溞

拉丁名 *Ilyocryptus sordidus* Liéven

生物学特征 体长约 300 μm；体近三角形或尖卵形。金黄色或粉红色。头部很小，背面较平而腹面较凸出。额顶尖凸呈锐角状。具颈沟。吻短。壳弧向前伸到头顶。复眼不大，位于头腹面的中央。单眼小，位于第 1 触角的基部。第 1 触角细长，分为两节，基节较短，能自由活动；末端有 1 束嗅毛，其长度不等。后腹部宽而侧扁，背缘圆形，具有许多长长短短的肛刺；尾爪长，有两个细长的爪刺；肛门陷约位于尾爪基部和尾刚毛着生点的正中间。

生境 栖息于湖泊、水库、池塘的底部以及水流缓慢或静止的河沟底部淤泥的表层，通常在淤泥中匍匐，很少活动于水层中，是典型的底栖种类。

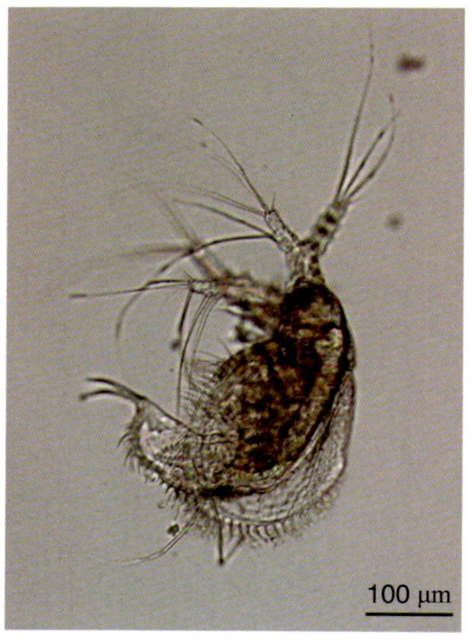

底栖泥溞显微照片

4 盘肠溞科 Chydoridae

（1）盘肠溞属 *Chydorus* Leach

中文名称 圆形盘肠溞

拉丁名 *Chydorus sphaericus* O. F. Müller

生物学特征 体长约 310 μm；体小，呈圆形或宽椭圆形。淡黄色或黄褐色。壳瓣短而高；背缘弓起；后缘很低；腹缘向外凸出，中部尤甚，后半部内褶，并列生刚毛。后背角不明显。后腹角浑圆。

生境 广温性，生活于大小不同的各类水域中。在湖泊或水库中以沿岸区的水草丛内分布最为丰富。

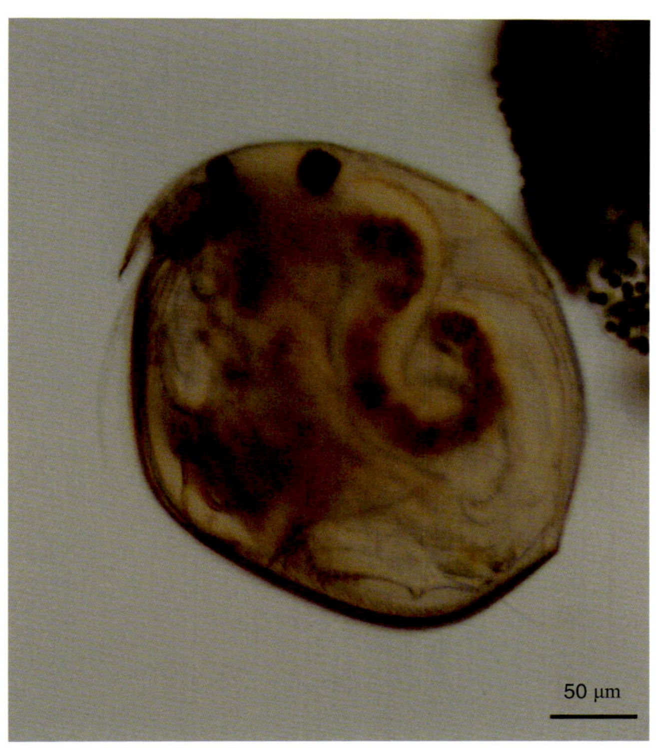

圆形盘肠溞显微照片

（2）尖额溞属 *Alona* Baird

中文名称 点滴尖额溞

拉 丁 名 *Alona guttata* Sars

生物学特征 体长约360μm；无色或淡黄色透明。壳瓣背缘稍微拱起，中部最高；后缘显著高于壳高的一半。后腹部短而宽，末背角呈三角形，背缘有个较粗壮的肛刺，侧面无栉毛簇。尾爪基部有1个不大的爪刺。

生 境 习居于湖岸草丛中，池塘和水坑中也能发现。每年5—10月数量较多。

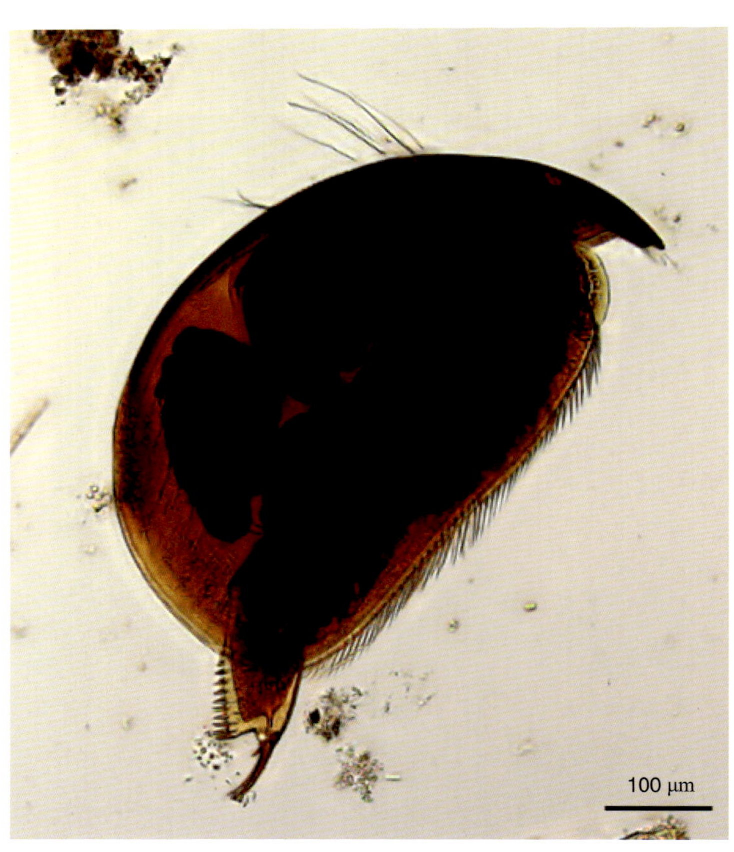

点滴尖额溞显微照片

5 裸腹溞科 Moinidae
裸腹溞属 *Moina* Baird

中文名称 微型裸腹溞

拉 丁 名 *Moina micrura* Kurz

生物学特征 体长约 780 μm；体型属内最小，头顶呈圆形，与躯干部连接处有明显的颈沟；壳瓣薄，背缘非常凸起；后腹部的肛刺只有 4~7 个。

生 境 习居于富营养型的浅水湖泊中，在浅的池塘和间歇性水域中也较常见。此外，也是大型淡水和咸淡水湖泊中常见的浮游种类。

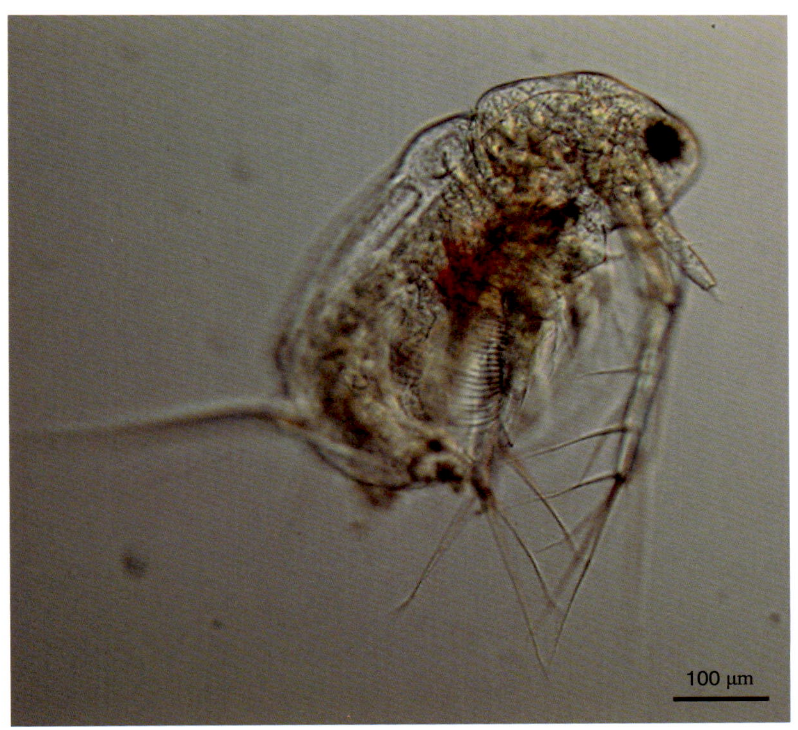

微型裸腹溞显微照片

6 仙达溞科 Sididae
秀体溞属 *Diaphanosoma* Fischer

中文名称 秀体溞

拉丁名 *Diaphanosoma* sp. Fischer

生物学特征 体长约 600 μm；壳瓣薄而透明。头部长大，额顶浑圆。无吻，也无单眼和壳弧。有颈沟。第 1 触角较短，前端有 1 根长的触毛和 1 簇嗅毛。第 2 触角强大，外肢 2 节，内肢 3 节，后腹部小，锥形，无肛刺，爪刺 3 个。

生境 分布广泛，为常见的类群。

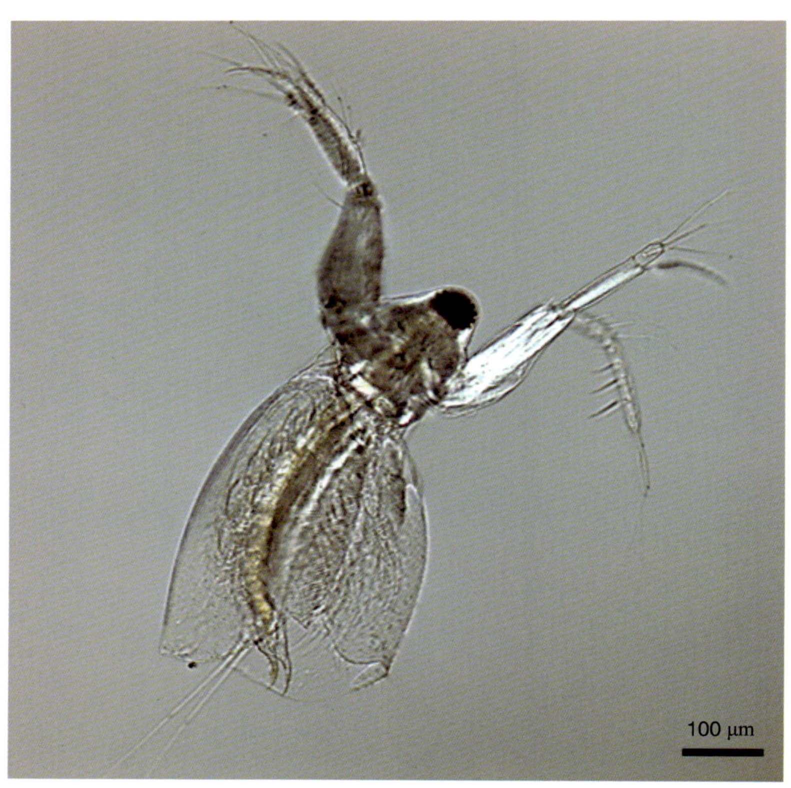

秀体溞显微照片

桡足类

1 剑水蚤科 Cyclopidae 小剑水蚤属 *Microcyclops* Claus

中文名称 跨立小剑水蚤

拉丁名 *Microcyclops varicans* Sars

生物学特征 体长 0.69～0.92 μm。头胸部呈卵圆形，第 4 胸节的外末角钝圆，第 5 胸节短而宽，向两侧凸出呈三角形，角顶附一刚毛。生殖节的长度稍大于宽度，前半部稍宽于后半部，纳精囊的前半部呈半圆形，后半部呈长圆形。尾叉平行，长度约为宽度的 3.4 倍，侧尾毛位于外缘末部 1/3 处，第 1 尾毛较第 4 尾毛稍短，第 2 尾毛的长度约为第 3 尾毛的 3/4，背尾毛较第 1 尾毛稍短。卵囊 1 对，跨立于腹部的两侧，每囊储卵 12～24 粒。第 1 触角短小，共分 12 节。第 5 胸足的基节与第 5 胸节愈合，于第 5 胸节外侧三角状顶端附 1 长刚毛；末节呈圆柱形，内缘中部具 1 小刺，末端具 1 长刚毛。

生境 多生活于小型水域及流速缓慢的河流中，在湖泊里，分布于沿岸带水草丛中的数量较多，而在敞水带的数量较少。对酸碱度的适度范围为 pH7.0～9.0，亦能生活于酸碱度不低于 5.06 的贫营养型水中。

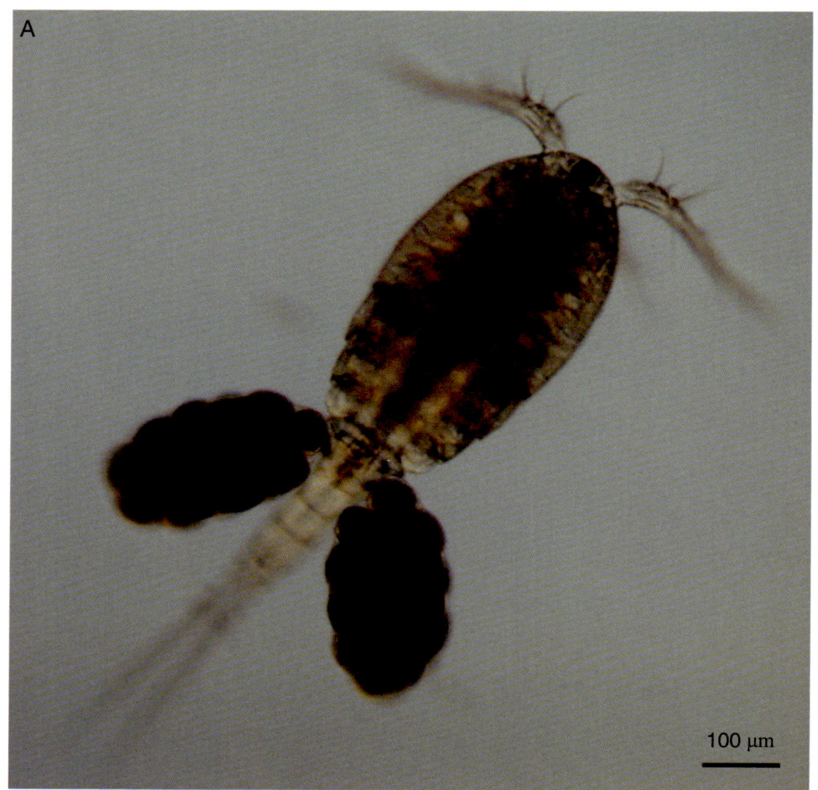

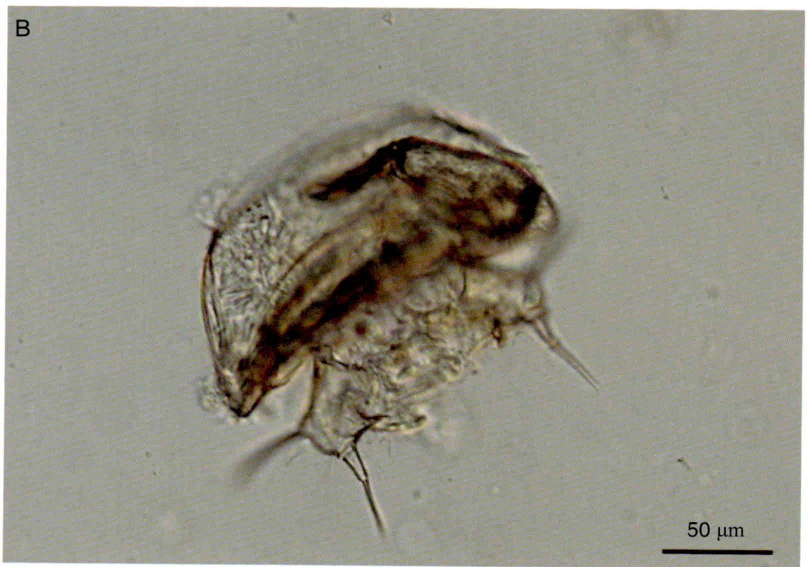

跨立小剑水蚤显微照片

底栖动物简介

底栖动物（zoobenthos）是指生活史的全部或大部分时间生活于水体底部的水生动物群。除定居和活动生活的以外，栖息的形式多为固着于岩石等坚硬的基体上和埋没于泥沙等松软的基底中。此外，还有附着于植物或其他底栖动物体表的，以及栖息在潮间带的底栖种类。在摄食方法上，以悬浮物摄食和沉积物摄食居多。多为无脊椎动物，是一个庞杂的生态类群。按其尺寸，分大型底栖动物、小型底栖动物。

底栖动物的主要特点是多为无脊椎动物。多数底栖动物长期生活在底泥中，具有区域性强、迁移能力弱等特点，对于环境污染及变化通常少有回避能力，其群落的破坏和重建需要相对较长的时间；且多数种类个体较大，易于辨认；同时，不同种类底栖动物对环境条件的适应性及对污染等不利因素的耐受力和敏感程度不同。根据上述特点，利用底栖动物的种群结构、优势种类、数量等参量可以确切反应水体的质量状况。

底栖动物是一个庞杂的生态类群，其所包括的种类及其生活方式较浮游动物复杂得多，常见的底栖动物有软体动物门的腹足纲的螺和瓣鳃纲的蚌、河蚬等；环节动物门寡毛纲的水丝蚓、尾鳃蚓等，蛭纲的舌蛭、泽蛭等，多毛纲的沙蚕；节肢动物门昆虫纲的摇蚊幼虫、蜻蜓幼虫、蜉蝣目稚虫等，甲壳纲的虾、蟹等；扁形动物门涡虫纲等。

本书对位于华中农业大学水产养殖基地的人工浅水湖泊系统，在 2021 年初冬所观察到的底栖动物多样性进行编排，按照环节动物门、软体动物门和节肢动物门类依次列出底栖动物种类。共鉴定出底栖动物 15 科 27 属 32 种，其中环节动物门 2 科 3 属 3 种，软体动物门 5 科 7 属 11 种，节肢动物门 8 科 17 属 18 种。

底栖动物特征描述

环节动物门

1 颤蚓科 Tubificidae

（1）水丝蚓属 *Limnodrilus* Claperede

中文名称　霍甫水丝蚓

拉丁名　*Limnodrilus hoffmeisteri* Claperede

生物学特征　约 150 节，口前叶小，圆锥形。固定标本身体最前端每节常有 2 体环。全身刚毛钩状，始于Ⅱ节，背腹同型。环带明显，在Ⅺ－1/2 Ⅻ节。受精囊腔呈雪梨形，壁薄，受精囊管筒状，通常弯转，管壁有较厚的肌肉层，在与囊腔交界处有时膨大如结节，壁亦变薄。生殖孔在Ⅺ节腹刚毛束位置上，输精管长、盘曲，精管膨部为长纺锤形。前列腺大。阴茎鞘长筒状，全长为最宽部的 10～14 倍，末端较窄，微弯，口扩张，边缘翻转，但各缘外翻程度不同，故不对称。体长 25～40mm，体宽 0.7～0.8mm。

生境　霍甫水丝蚓为常见的优势底栖动物，耐污力和适应性强，大部分静水水域常见。

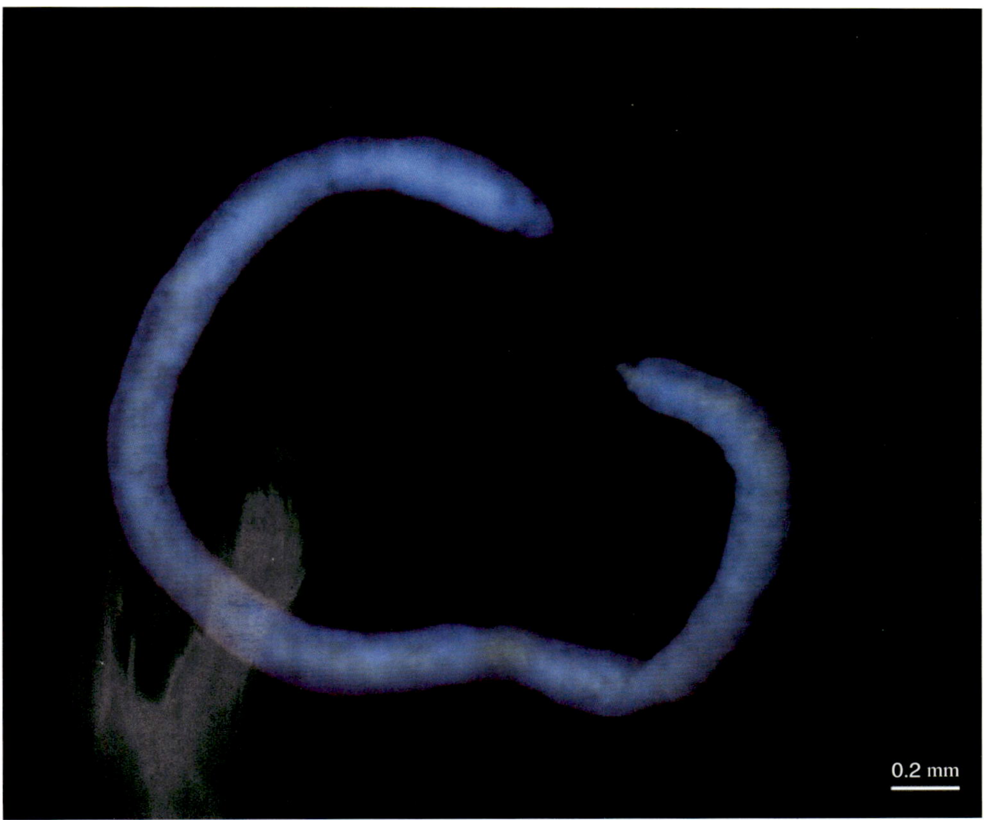

霍甫水丝蚓显微照片

（2）尾鳃蚓属 *Branchiura* Beddard

中文名称	苏氏尾鳃蚓
拉丁名	*Branchiura sowerbyi* Beddard
生物学特征	体色淡红乃至淡紫色。从身体约 2/3 处开始直至尾端每个体节均有鳃状鳃 1 对，位于背、腹面。前端背刚毛每束有针状刚毛 5～10 条，腹刚毛钩状，每束 5～8 条，输精管短，精管膨部长筒形，上裹分散的前列腺细胞。前端体节较长，有 3～7 体环。背刚毛自Ⅱ节始，1～8 条发状刚毛，约 2mm 长，至体中部数目逐渐减少且短，至有鳃部消失；5～12 条钩状刚毛。环带在 1/2 Ⅹ－Ⅻ节，隆肿状。雄生殖孔分开，在Ⅺ节腹面。受精囊孔 1 对，受精囊体很大，生活时达 150mm 以上；体宽 1.0～2.5mm。
生境	多分布于在沟渠流水两侧的 3～5cm 的泥层中，尚属喜氧种类。

苏氏尾鳃蚓显微照片

2 舌蛭科 Glossiphoniidae
舌蛭属 *Glossiphonia* Johnson

中文名称 宽身舌蛭

拉 丁 名 *Glossiphonia lata* Oka

生物学特征 体短宽，略呈卵形，背部稍凸，腹部扁平。背部涂黄色，有黑色细点组成的纵纹 8 行或 9 行。前吸盘小，口中有长吻，后吸盘亦小。眼点 3 对，排列于第 4（或 5）、6、7 三环上。前对眼小，2 眼靠近，有时重叠，有时消失 1 眼或全消失的。中、后对眼较大，但也有 2 对合并成 1 对大眼，或各对仅保留 1 侧眼。雄性生殖孔位于第 27 环，雌性生殖孔位于第 28 环的前缘。体长 10～22 mm，宽 5～8.5 mm。

生 境 营寄生生活，在池沼的水草和石块上很普遍以及亦可寄生在河蚌的外套腔中。

宽身舌蛭显微照片

软体动物门

1 田螺科 Viviparidae
环棱螺属 *Bellamyinae* Rohrbach

①

中文名称 铜锈环棱螺

拉丁名 *Bellamya aeruginosa* Reeve

生物学特征 体长25～40mm，体宽0.7～0.8mm。约150节，口前叶小，圆锥形。固定标本身体最前端每节常有2体环。全身刚毛钩状，始于Ⅱ节，背腹同型。环带明显，在Ⅺ－1/2 Ⅻ节。受精囊腔呈雪梨形，受精囊管筒状，通常弯转，管壁有较厚的肌肉层，在与囊腔交界处有时膨大如结节，壁亦变薄。生殖孔在Ⅺ节腹刚毛束位置上，输精管长、盘曲，精管膨部为长纺锤形。前列腺大。阴茎鞘长筒状，全长为最宽部的10～14倍(长:宽=350∶35μm；517∶37μm)，末端较窄，微弯，口扩张。

生境 常见于沟渠、河流、湖泊、泡沼及池塘内。一般在水深1m左右处较多，尤其在水底腐殖质多的水域更多，常常爬行于水草或岸边岩石上。

铜锈环棱螺显微照片

②

中文名称　梨形环棱螺

拉　丁　名　*Bellamya purificata* Hedue

生物学特征　大型环棱螺，全体呈梨形。壳质坚实而厚。壳高可达39 mm，壳宽一般为24~26 mm。螺层6~7层，自上而下缓慢增长，缝合线明显。壳塔呈宽圆锥形，壳顶尖，各螺层膨胀，体螺层尤为膨胀。壳表面黄绿色或黄褐色，略光滑。在体螺层及次体螺层上常具3~4条螺棱，最下端的1条螺棱特别明显，幼螺的螺棱上长有许多细毛。壳口呈卵圆形，常具有黑色框边。外唇简单，内唇肥厚，上方外折贴覆于体螺层上。厣为1角质薄片，卵圆形，黄褐色。脐孔明显。齿式为：3-1-3；2-1-2；2-12；3-1-3。

生　　境　淡水的湖泊、江河、池塘、沟渠或水田中。以宽大的腹足匍匐于水草上或爬行于水底，或附着在岸边岩石上。对环境的适应性强，具有耐旱、耐寒、耐氧的能力。

梨形环棱螺显微照片

③

中文名称 角形环棱螺

拉 丁 名 *Bellamya angularia* Muller

生物学特征 贝壳较小，壳质较薄，坚固。外形呈宽圆锥形。有5个螺层，呈阶梯状排列，每个螺层上部靠近缝合线处形成1螺旋形的平面。各螺层在宽度上增长迅速，螺旋部较宽，体螺层极膨胀，其高度约占全部壳高的3/4。壳顶钝，常被腐蚀。缝合线极深。壳面呈黄褐色或草绿色，生长线细密，在每个螺层上均有粗细之间的螺棱，体螺层上的螺棱更粗壮。壳口圆形周缘完整，具有黑色框边；外唇薄，内唇略厚，上方有少部分贴覆在体螺层上。脐孔极深，缝状。厣角质，薄，卵圆形，黄褐色，具有同心圆的生长纹，厣略凸，靠近内缘中央。

生 境 生活于河沟、湖泊、池沼及水田内。

角形环棱螺显微照片

④

中文名称　双旋环棱螺

拉　丁　名　*Bellaamya dispiralis* Heude

生物学特征　贝壳中等大小，壳高25 mm左右，壳宽15 mm左右。壳质特厚，极坚实，外形呈卵圆形。有4个螺层，皆不外凸，各螺层增长较迅速。壳顶钝。螺旋部低矮，体螺层极膨大，其高度大于贝壳全高的5/6。缝合线浅。壳面呈黄绿色，具有明显的生长纹。壳口呈卵圆形，外唇薄，简单，内唇肥厚，外折，上方贴覆在体螺层上，下方具有数层皱褶。壳内面呈灰白色。厣角质，卵圆形，黄褐色，具有同心圆的生长纹，核略靠近内唇中央。脐孔不明显。

生　　境　淡水、湖泊及河流内。

双旋环棱螺显微照片

2 豆螺科 Bithyniidae

（1）豆螺属 *Bithynia* Moquin–Tandon

中文名称 赤豆螺

拉 丁 名 *Bithynia fuchsiana* Mollendorff

生物学特征 贝壳成体壳高在 10 mm 左右，壳宽 7 mm 左右。与沼螺属种类比较；壳质较薄，易碎，外形呈宽卵圆锥形。有 5 个螺层，皆外凸，各螺层均匀迅速增长。壳顶钝，有时被损坏。螺旋部呈短圆锥形，略等于或大于全部壳高的 1/2，体螺层膨大、缝合线深。壳面呈灰褐色、淡褐色，光滑，具有不明显的生长纹。壳口呈卵圆形、周缘完整、不增厚、易破损，也具有黑色框边，内唇上缘呈斜直线状，贴覆于体螺层上。与较垂直的轴缘相交形成一个略大于 90° 的角度。厣为石灰质的薄片，与壳口同样大小。紧紧封闭着壳口，不能拉入壳内。具有同心圆的生长纹，无脐孔。

生　　境 在生物接触氧化池中，大量生长繁殖，啃食生物膜，影响净水效果。

赤豆螺显微照片

（2）涵螺属 *Alocinma* Annandale

中文名称　长角涵螺

拉　丁　名　*Alocinma longicornis* Benson

生物学特征　贝壳较小型，壳质较薄，但坚固、透明，外形略呈球形，有3.5～4个螺层，各螺层的宽度增长迅速，壳面外凸，壳顶钝、圆，螺旋部短、宽，体螺层极膨大，几乎形成了全部贝壳。缝合线明显。壳面呈白色，光滑，壳口略呈卵圆形，周缘完整，具有黑色矿便，上方有一锐角，内唇略向外折，厣呈卵圆形，为一石灰质的薄片，具有同心圆的生长纹，厣核偏于壳口内缘中心处，无脐孔。足下部无淡的橘黄色斑点，触角细长，外套膜黑色，并有白色规则的斑点。

生　　境　淡水、湖泊及河流内。

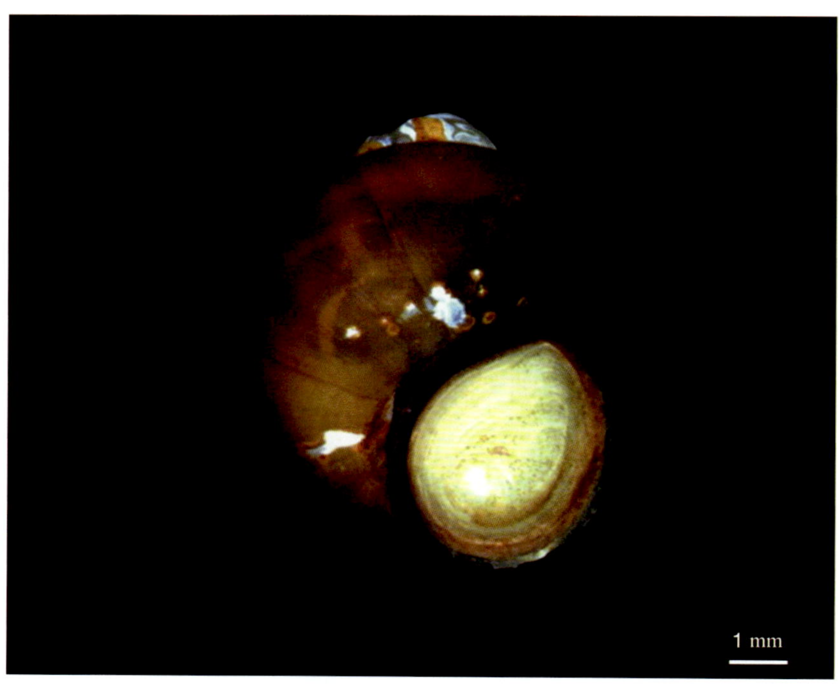

长角涵螺显微照片

（3）沼螺属 *Parafossarulus* Annandale

中文名称　纹沼螺

拉 丁 名　*Parafossarulus striatulus* Benson

生物学特征　贝壳中等大小，成体壳高 9 mm 左右，宽 6 mm 左右。壳质厚而坚固，外形呈宽卵圆形。有 5~6 个螺层。各层缓慢均匀增长，壳面外凸。壳顶尖，但经常被磨损，螺旋部呈宽圆锥形，体螺层略膨大。缝合线浅。壳而呈灰黄色、淡褐色、褐色或淡灰色，具有细的生长纹及螺旋纹或螺棱：螺棱强度受环境及地理分布影响变异较大，有的地区螺棱极强。但是在某些地区螺棱细弱，有的甚至光滑。壳口呈卵圆形，周缘完整，外折，坚厚，具有黑色或褐色框边。内缘外折上方贴覆于体螺层上。具有同心圆的生长纹，核略偏于内缘中央处。无脐孔，或呈缝状。为华支睾吸虫（肝吸虫）的主要第 1 中间宿主。

生　　境　栖息于有水草孳生的溪流、湖泊、沟渠和池塘内，匍匐在水草上或在水底爬行。冬季潜于泥中越冬。

纹沼螺显微照片

3 椎实螺科 Lymnaeidae
萝卜螺属 *Radix* Montfort

①

中文名称 椭圆萝卜螺

拉 丁 名 *Radix swinhoei* Adams

生物学特征 有3～4个螺层，各层缓慢均匀的增长，螺旋部长，并逐渐地削尖，体螺层也较长，上部缩小形成削肩状，中、下部扩大。壳面呈淡褐色或褐色。具有明显的生长纹。壳面呈椭圆形。不向外扩张，上方狭小，向下逐渐扩大，下方最宽大。内缘肥厚，上方贴覆于体螺层上，下方形成轴褶。有时轴褶强烈扭转。外缘锋锐，易碎。脐孔呈缝状或不明显。齿舌：中央卤稍不对称。第1个侧齿具有3个小齿。椭圆萝卜螺壳高一般20 mm，壳宽13 mm，最大的个体壳高可达30 mm。壳质薄，外形略呈椭圆形。

生 境 喜栖息在静水的湖沼池塘沿岸水沟或水田里，常群集在浅水中或水生植物多的水域内。

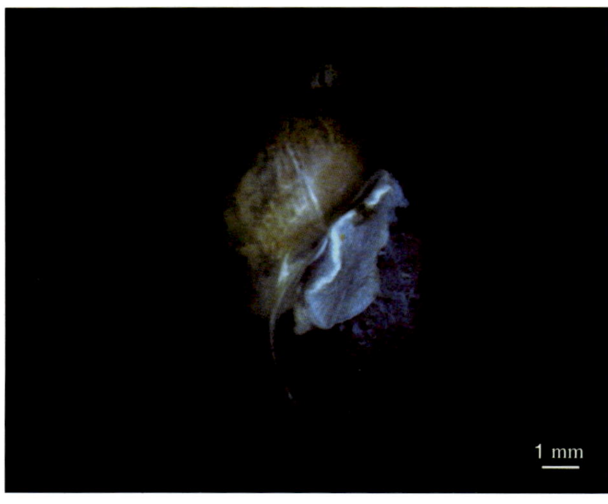

椭圆萝卜螺显微照片

②

中文名称 折叠萝卜螺

拉丁名 *Radix plicatula* Benson

生物学特征 贝壳大型，壳质薄，略坚固，外形略呈耳状。成体壳高约25 mm，壳宽约16 mm。有4～4.5个螺层，次体层明显膨大，体螺层极膨大，上部呈肩状，螺旋部较耳萝卜螺高，其高度约等于全部壳高的1/5。缝合线明显。壳面呈黄褐色或褐色，具有细致的生长纹。壳口呈卵圆形，外缘薄，内缘上方贴覆于体螺层上，轴缘强烈扭转。脐孔小，而被内缘外折覆盖。阴茎本体与阴茎等长，中央齿不匀称，第1个侧齿具有3个小齿。

生境 栖息于池塘、小水洼、沼泽、湖泊及缓流小溪的沿岸带。本种可作为多种寄生于畜、禽、鱼类寄生吸虫的中间宿主；亦可作为家禽及鱼类的天然饵料。

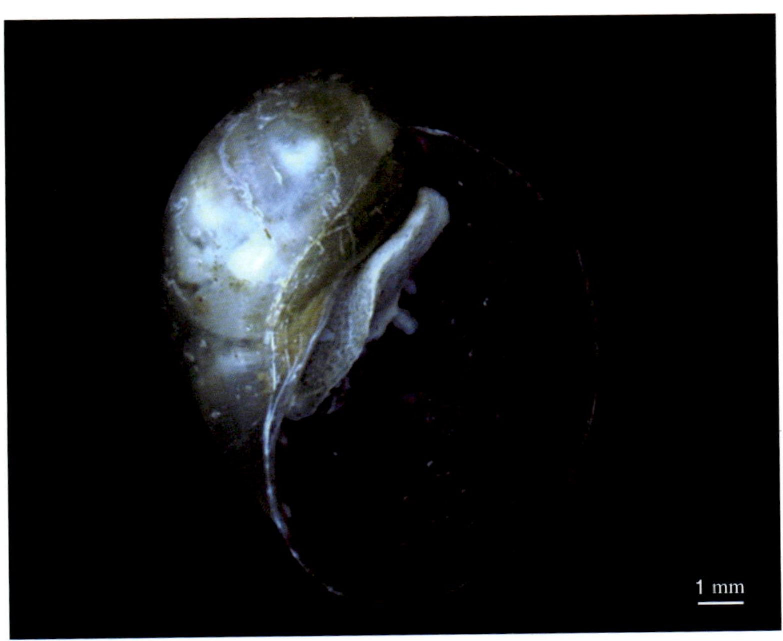

折叠萝卜螺显微照片

4 膀胱螺科 Physidae
膀胱螺属 *Physella* Haldeman

中文名称　尖膀胱螺

拉 丁 名　*Physella acuta* Draparnaud

生物学特征　膀胱螺个体中等左旋，壳口无厣。螺旋部高 (3.882 旋 0.659) mm；壳口高 (6.853±1.438)mm；壳高 (3.921±0.803) mm；壳宽 (6.237±0.095)mm；壳口宽 (3.081±0.095)m。具有4～5 个螺层。体螺层极其膨大。具有一个短的螺旋部，壳质薄壳表面大多呈黄褐色，略见部分花纹极少数体螺层变成白色。其生长纹细致但不明显，部分螺有凹纹壳口大一般呈长椭圆形周缘完整。具有 1 对尖而细长的触角。具有 1 对眼，位于触角基部，无柄。足较窄，前段略成圆形，后段尖细。

生　　境　原产于北美洲。系多种重要寄生虫，如广州管圆线虫和卷棘口吸虫的中间宿主，20 世纪 60 年代开始入侵我国，在过去三十多年中，陆续在我国台湾、香港、广东深圳、云南丽江、江苏太湖、北京等地区发现其分布。

尖膀胱螺显微照片

5 扁蜷螺科 Planorbidae 圆扁螺属 *Hippeutis* Benson

中文名称 大脐圆扁螺

拉丁名 *Hippeutis umbilicalis* Benson

生物学特征 贝壳小型，极端右旋，壳质较厚，略透明，外形呈厚圆盘状，与半球多脉扁螺相似。有4～5个螺层，各螺层在宽度上快速增长。体螺层增长特别迅速，宽大，将前面的螺层覆盖着，壳口处膨大，在贝壳上部可以看到全部的螺层，壳顶凹入，在下部通常看不到全部的螺层，仅看到1个较深的漏斗状脐孔；体螺层轴缘圆或者底部具有钝的轴缘龙骨，没有锐利的龙骨。缝合线深。壳面呈灰色或黄褐色，壳口斜，呈宽弯月形，周缘薄。贝壳内无隔板。直径为8 mm，壳高2 mm左右，个体大者壳直径可达9 mm以上。

生境 栖息于池塘、小水洼、沼泽、湖泊及缓流小溪的沿岸带。

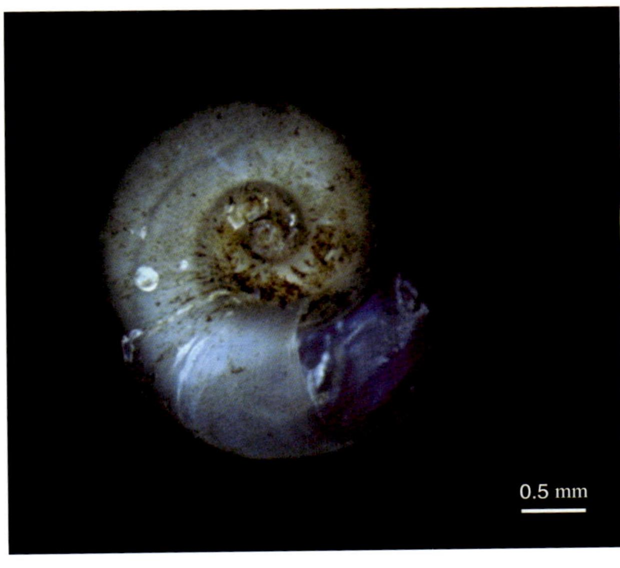

大脐圆扁螺显微照片

节肢动物门

1 四节蜉科 Baetidae

（1）四节蜉属 *Baetis* Leach

中文名称 四节蜉

拉 丁 名 *Baetis* sp. Leach

生物学特征 躯体细弱，翅膀半透明，前翅发达，后翅很小，腹部末端有2条长尾须。

生 境 各种水体都有分布，静水区域和流水区域都能采到。

四节蜉显微照片

（2）黑四节蜉属 *Nigrobaetis* Novikova

中文名称　黑四节蜉

拉 丁 名　*Nigrobaetis* sp. Novikova

生物学特征　虫体微小，身体切面呈圆柱形。上颚磨齿与颚齿之间有1排细毛；爪从跗节1侧骤然生出。后胸没有后翅芽。第1对鳃出现或缺失。肛侧板没有延伸。成虫鉴别特征：雄性外生殖器的末端节延长呈纺锤状。

生　　境　各种水体都有分布，静水区域和流水区域都能采到。

黑四节蜉显微照片

2 径石蛾科 Ecnomidae
径石蛾属 *Ecnomus* McLachlan

中文名称　径石蛾

拉丁名　*Ecnomus* sp. McLachlan

生物学特征　掠食性，有些也以藻类和碎屑为食。头部具多对毛瘤，无单眼。胫距式 3,4,4。幼虫为小型至中型，长 5～10 mm。头部和所有胸部凹陷处均有硬化。腹部的前腿高度形成，有大的肛爪末端。

生境　常见于溪水边，主要在黄昏和晚间活动。

径石蛾 1.25X 显微照片

3 蜓科 Aeshnidae
伟蜓属 *Anax* Leach

中文名称 碧伟蜓

拉丁名 *Anax parthenope* Selys

生物学特征 雄虫合胸黄绿色，被细黄毛。翅透明略带淡黄色，翅痣褐色。腹部第1、2节膨大，第1腹节黄绿色，第2、3腹节天蓝色，其余各节褐色，侧面具有淡黄绿色条状斑纹，但不相连。雌虫不如雄虫颜色鲜艳。

生境 碧伟蜓成虫于每年5—9月发生。常在池塘、溪流、湖泊上进行巡视飞行。

碧伟蜓显微照片

4 蜻科 Libellulidae

（1）赤蜻属 *Sympetrum* Newman

中文名称 赤蜻

拉 丁 名 *Sympetrum* sp. Newman

生物学特征 体颇小至中型。外形类似。体通常红色或黄色，具有黑色条纹。翅无色透明或翅基有黄色斑纹。头小或中等大。两眼相连接的距离中等长。额凸出，隆脊弱。

生　　境 在间歇性流域中繁殖，也可以在人造水库和稻田这种人为水环境中生存。

赤蜻显微照片

（2）灰蜻属 *Orthetrum* Newman

中文名称 灰蜻

拉 丁 名 *Orthetrum* sp. Newman

生物学特征 稚虫体长 19～25 mm。头宽 5～6 mm。复眼小，头长方形，体表具细毛。下唇中片外侧具有 3 根长刚毛，内侧具有 12～13 根短刚毛。下唇侧片具有侧刚毛 5 根，前缘具有波浪形的 9 个齿。腹部圆筒形，第 2～7 节背面具有长毛丛，第 8、第 9 节的侧棘小。足较短。

生 境 稚虫栖息在池塘、湖泊、水库及河流的底泥中，捕食小型水生动物。中污染水体中多见。

灰蜻显微照片

（3）玉带蜻属 *Pseudothemis* Kirby

中文名称 玉带蜻

拉丁名 *Pseudothemis zonata* Burmeister

生物学特征 雄虫：腹长约 30 mm，后翅长 30 mm。体黑色，头顶及瘤状凸蓝黑色，额黄色。胸部具有黄色长毛，背条纹不明显，肩前下条纹黄色，胸部两侧各具有 2 条黄色斜条纹。翅透明，翅痣黑色，前缘附近略带黄色，翅端与翅基有黑褐斑；后翅基的斑大。足黑色。腹部第 3、4 节黄白色；上肛附器黑褐色。雌虫：第 4 腹节具有黑色横带。

生境 本种生活在林间的池塘、湖泊、沼泽等大面积静水环境周围。

玉带蜻显微照片

5 蟌科 Coenagrionidae

（1）瘦蟌属 *Ischnura* Charpentier

中文名称 瘦蟌

拉 丁 名 *Ischnura* sp. Charpentier

生物学特征 稚虫体长 12 mm。下唇中片刚毛 3~4 对。下唇侧片刚毛 4~5 根，内钩具有小齿。尾片柳叶状，基半部具有深褐色斑纹。侧尾片长 4~8 mm。尾片内气管鳃树枝状，分支多。

生 境 稚虫栖息在山地湖泊、池塘等水生植物丰富的水环境中。中污染偏轻的水体中多见。

瘦蟌显微照片

（2）尾蟌属 *Paracercion* Weekers

中文名称	尾蟌
拉丁名	*Paracercion* sp.Weekers
生物学特征	稚虫体长 21 mm，侧尾片长 7.5 mm。前端半部具有 3 个较淡的褐色斑。下唇中片具有刚毛 4 对。下唇侧片具有侧刚毛 6 根。腹部第 1~9 节具有侧棘，第 9 节的侧棘痕迹状。
生境	稚虫栖息在山地河流、湖泊、池塘等水草丰富的水中。轻污染水体中多见。

尾蟌显微照片

6 固蝽科 Pleidae

邻固蝽属 *Paraplea* Esaki

中文名称 邻固蝽

拉丁名 *Paraplea* sp. Esaki

生物学特征 小型，体长1.5～3.0 mm，身体宽短厚实，前端宽钝，后端渐尖。身体背面中央亦隆起，向两侧逐渐坡降，与仰蝽科相似。体色较深，多为污黄褐色，常具有粗大的刻点。头极宽短，与前胸背板结合紧密，相互之间不能活动。复眼较大。喙4节，粗短。触角3节，简单，前2节较粗，第3节细小，呈念珠状，常被有许多绒毛。中胸小盾片相对发达。前翅全部为革质，膜片缺失，爪片较大。3对足均变形不大，前、中足跗节2节或3节，后足跗节为3节，均具2爪。若虫腹臭腺开口于第3/4腹节背板之间。腹部腹中线纵向隆起，腹面密被绒毛，呼吸方式与仰蝽科种类相同。

生境 生活于静水中，在水草众多的池塘中相当常见。仰泳，以携带气泡进行呼吸。

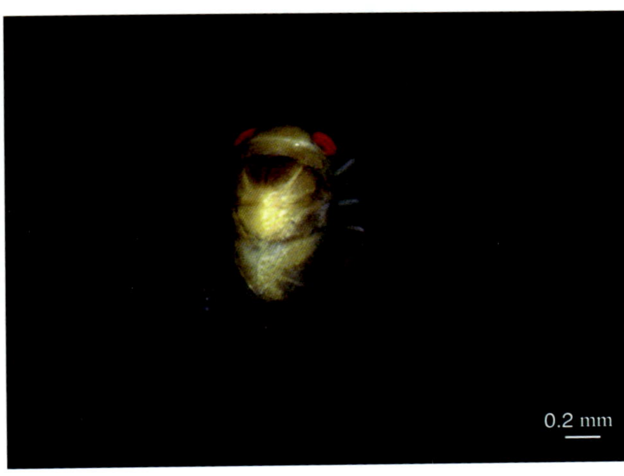

邻固蝽显微照片

7 螟蛾科 Pyralidae
筒水螟属 *Parapoynx* Hubner

中文名称　筒水螟

拉丁名　*Parapoynx* sp. Hubner

生物学特征　幼虫通常陆生，但也有水生的。水螟的幼虫分头、胸、腹三部分，头分下口式和前口式，头的两侧通常各有6个单眼，这些单眼为黑点，无晶体。许多水螟幼虫具气管鳃，气管鳃通常位于第2～3胸节和腹节上，少数也位于第1胸节，有时第9和第10腹节也具有气管鳃。气管鳃丝状，单生或簇生。气管鳃多不分枝。

生境　幼虫在静水及流水的缓流水域栖息，以多种水生植物为食。

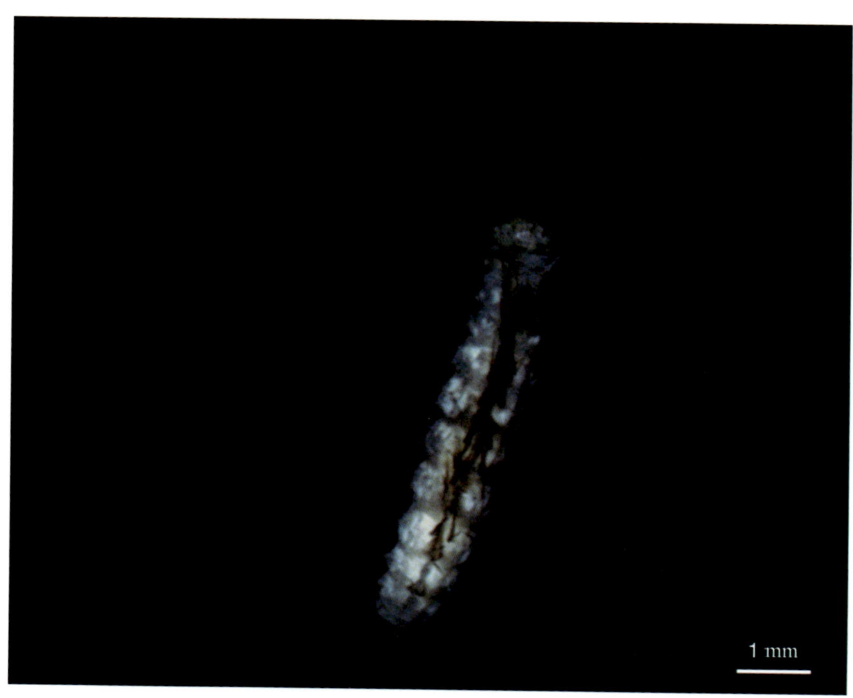

筒水螟显微照片

摇蚊科 Chironomidae

（1）长足摇蚊属 *Tanypus* Meigen

中文名称 长足摇蚊

拉 丁 名 *Tanypus* sp. Meigen

生物学特征 幼虫触角可伸缩，前颏具有中唇舌和 1 对侧唇舌，颏膜状，腹颏排列有发达的齿，尾刚毛长为宽的 3 倍。

生　　境 广泛分布，幼虫几乎在任何水域的静水和流水中均有分布，少数种类可栖息于潮湿的陆地，适应能力强。

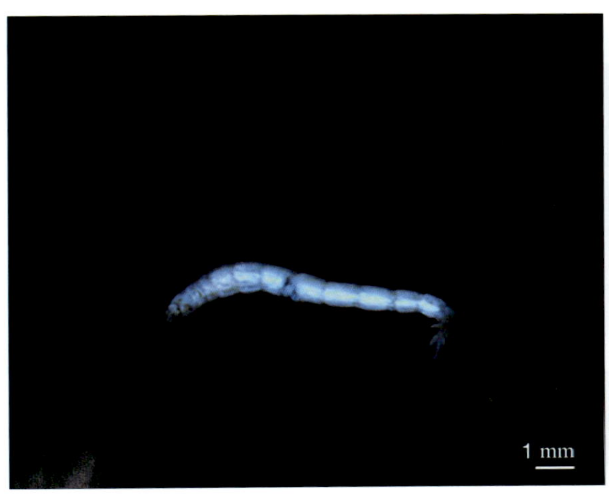

长足摇蚊 0.8X 显微照片

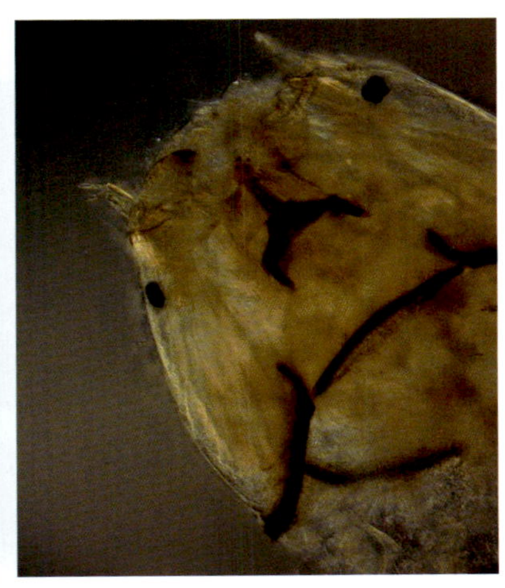

长足摇蚊 20X 显微照片

（2）环足摇蚊属 *Cricotopus* Wulp

中文名称 三带环足摇蚊

拉丁名 *Cricotopus trifascia* Edwards

生物学特征 幼虫体长 7.5mm。触角 5 节，触角比为 1.8。触角叶长，超出鞭节。劳氏器与第 3 节近等长。第 1 节基部具有环器。上唇 S I 刚毛 2 分叉。前上颚 2 分叉。具有前上颚刷。上颚端部黑褐色，外缘呈皱褶状，齿下毛长，上颚刷 6 根。颏中齿宽，第 2 侧与第 1 齿基部愈合。腹部 I～ VI 节具有毛簇。前原足爪的顶齿明显大于亚顶齿。肛管短于后原足。尾刚毛台具有 6 根尾毛。

生境 幼虫常出现在河流中下游地区，在污染水体中多见。

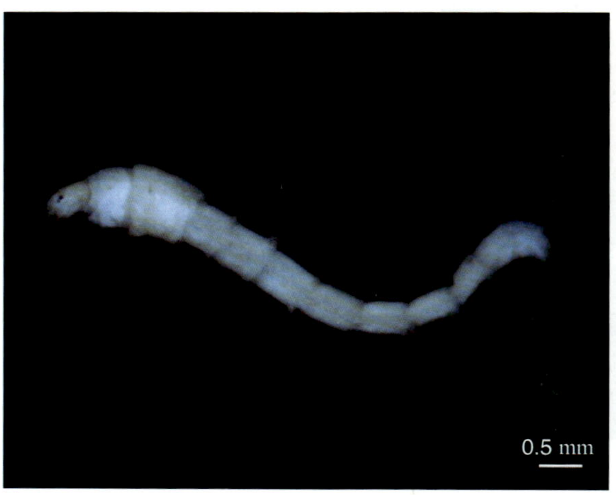

三带环足摇蚊 1.6X 显微照片

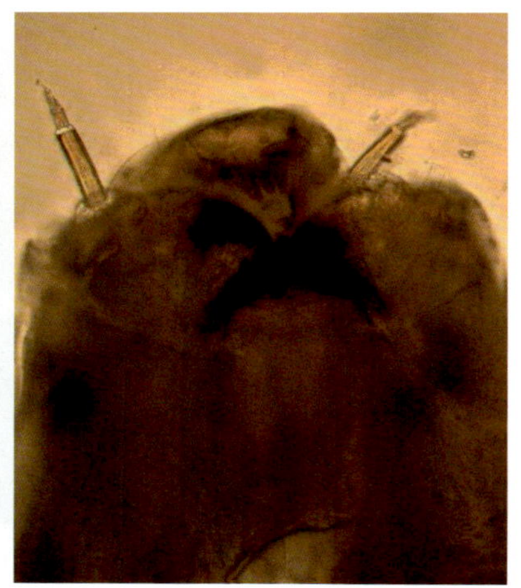

三带环足摇蚊 40X 显微照片

（3）摇蚊属 *Chironomus* Meigen

中文名称 摇蚊

拉 丁 名 *Chironomus* sp. Meigen

生物学特征 体形大体与蚊虫（蚊科）相似，多纤长脆弱，但大型的种类与蚊虫相似，较为粗壮。体色多样，白色、黄色、淡绿色、黑色不等，可有鲜明的色斑。体不具有鳞片。头部相对较小，复眼发达，小眼面之间可生有小毛。无单眼。触角柄节退化几不可见；梗节发达，球状；鞭节丝状。口器退化。

生 境 是一类十分常见，耐受性极强的水生昆虫， 在各类水体中均有广泛分布。

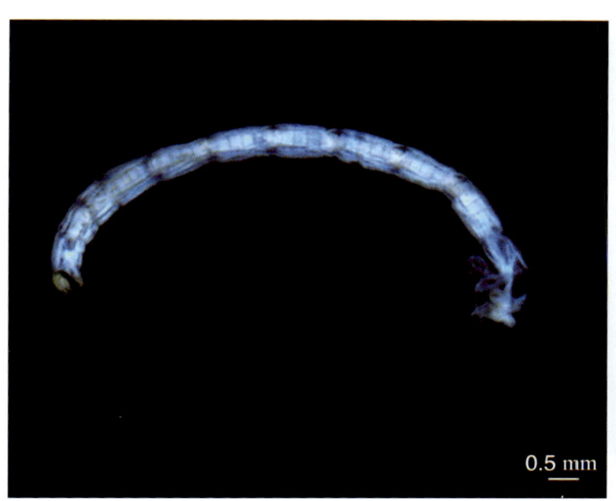

摇蚊 1.0X 显微照片

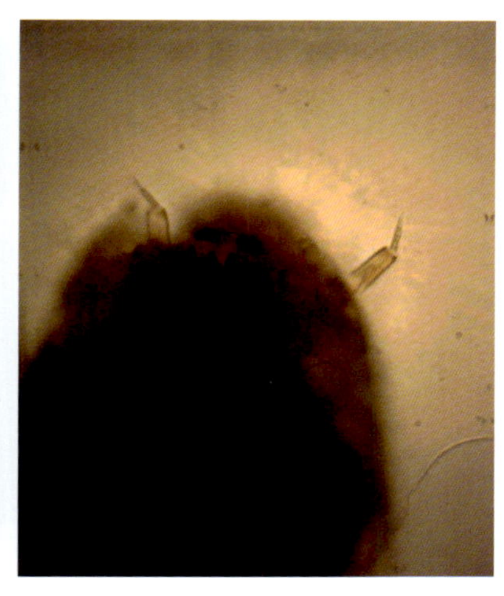
摇蚊 20X 显微照片

（4）拟摇蚊属 *Parachironomus* Lenz

中文名称　拟摇蚊

拉丁名　*Parachironomus* sp. Lenz

生物学特征　幼虫体红色。体长约 10 mm。触角比上颚稍长。上颚细长，稍弯曲。端齿长为上颚长的 1/3，黑色。下颚须第 1 节长为宽的 4.2 倍。近 1/3 处具有 1 环器。背板具有 7 对齿，中间的 5 对齿稍大，两端较小。唇舌具有 5 个齿，外缘内陷，内侧齿很直；侧唇舌 2 分叉。舌栉毛具有 17 个齿。尾刚毛台顶端具尾毛 14～15 根。肛管长锥形。

生境　幼虫生活在河流或湖泊中，栖息地水质轻污染。

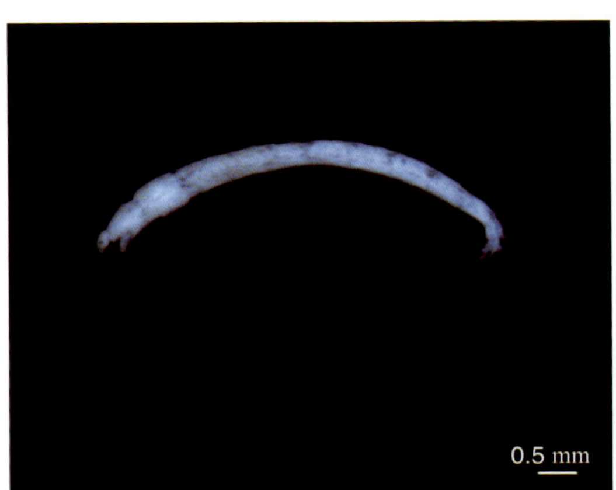

拟摇蚊 1.25X 显微照片

拟摇蚊 40X 显微照片

（5）雕翅摇蚊属 *Glyptotendipes* Kieffer

中文名称 雕翅摇蚊

拉 丁 名 *Glyptotendipes* sp. Kieffer

生物学特征 幼虫红色，体长 10mm。触角 5 节。上唇 SI 刚毛羽状。上颚背齿色淡，端齿和 3 个内齿黑色。颏中齿不比第 1 侧齿低，第 4 侧齿稍比邻齿小，两腹刻板中间分开的距离为颏中齿宽的 1.3 倍。腹部具有 1 对中等长度的腹管。

生 境 河流或湖泊中栖息。中污染水体中多见。

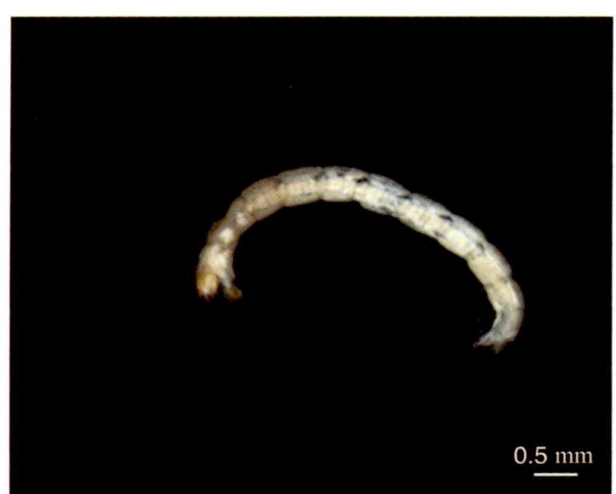

雕翅摇蚊 1.25X 显微照片

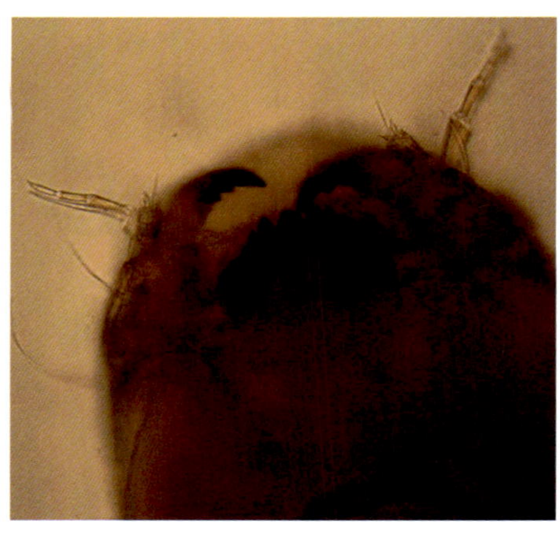

雕翅摇蚊 40X 显微照片

（6）多足摇蚊属 *Polypedilum* Kieffer

①

中文名称 多足摇蚊

拉丁名 *Polypedilum* sp. Kieffer

生物学特征 幼虫体长 9mm，红色。触角 5 节，触角比为 1.2。触角叶达或稍超过第 5 节末端。上唇 SI 刚毛端部膨大，SI 刚毛细长，SIII 刚毛锯齿状。内唇栉由 3 个分离的鳞片组成。前上颚 3 个齿，具前上颚刷。上颚具 5 个黑色齿。颏具 16 齿。中齿和第 2 侧齿高于其他齿。后颏黑褐色到黑色。后原足端部具有 16 个黑色的爪。尾刚毛台具 8 根尾毛。肛管 2 对，2/3 处具有 1 缢缩。

生境 幼虫栖息在静水及流水中，中污染水体中多见。

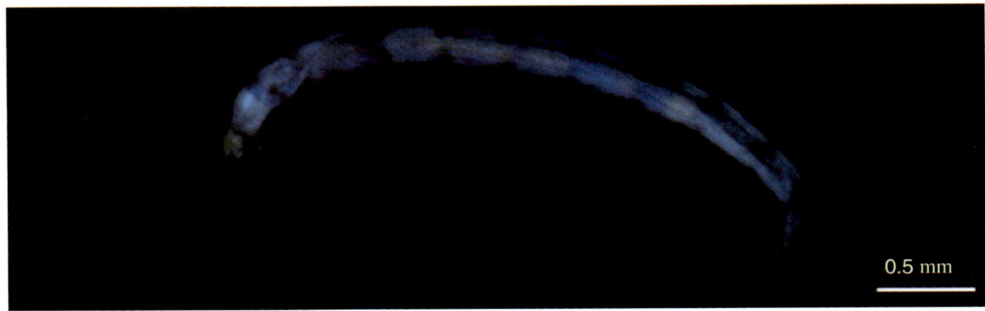

多足摇蚊 2.0X 显微照片

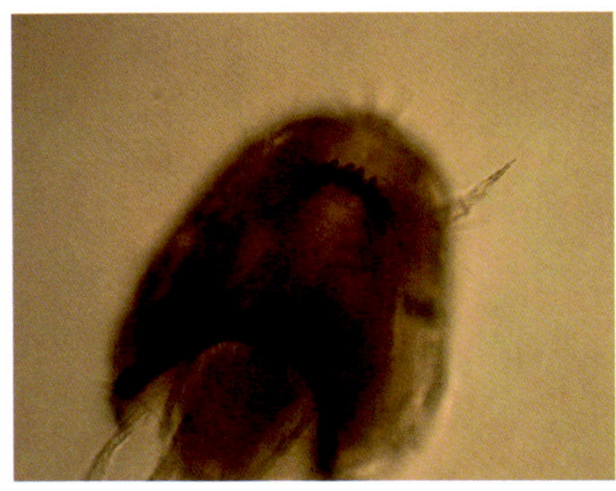

多足摇蚊 40X 显微照片

②

中文名称 梯形多足摇蚊

拉　丁　名 *Polypedilum scalaenum*

生物学特征 幼虫体长 6 mm，红色。头壳黄褐色，后头缘深黄色。触角 5 节，第 3 节和第 5 节特别短。触角比为 1 ∶ 4。触角叶超过鞭节。上唇 SI 刚毛掌状。S Ⅱ刚毛稍宽，端部锯齿状。内唇栉由 3 个独立的鳞片组成。前上颚两个齿，具有前上颚刷。上颚具有 1 端齿、1 背齿和 3 个内齿。齿下毛达第 3 内齿的端部。上颚臼具有两个针状棘刺。颏具有 16 齿。第 2 侧齿稍高于中齿。

生　　境 幼虫栖息在静水及流水中，中污染水体中多见。

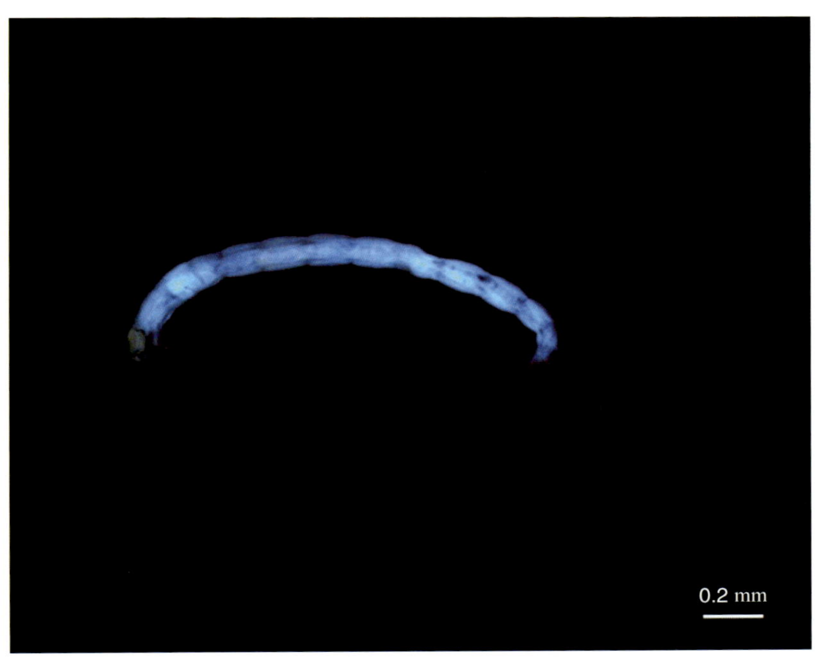

梯形多足摇蚊 4X 显微照片

浮游植物名称索引

浮游动物名称索引

原生动物

轮虫

底栖动物名称索引

环节动物门

软体动物门

节肢动物门

参　考　文　献

[1] 李娟 . 浅水湖泊浮游动物对变暖响应特征的室外模拟研究 [D]. 武汉：华中农业大学 , 2015.

[2] 李燕染 . 山东省典型湖泊湿地生态系统服务价值和浮游植物生物多样性变化研究 [D]. 济南：山东大学 , 2021.

[3] 杨文 , 朱津永 , 陆开宏 , 等 , 淡水浮游植物功能类群分类法的提出、发展及应用 [J]. 应用生态学报 , 2014, 25(6): 1833–1840.

[4] 胡鸿钧 , 魏印心 . 中国淡水藻类——系统、分类及生态 [M]. 北京：科学出版社 , 2016.

[5] 张琪 , 宋立荣 , 李林 . 巢湖浮游植物图谱 [M]. 北京：中国环境出版集团 , 2018.

[6] 虞功亮 , 宋立荣 , 李仁辉 . 中国淡水微囊藻属常见种类的分类学讨论——以滇池为例 [J]. 植物分类学报 , 2007, 45(5): 727–741.

[7] 吴忠兴 , 虞功亮 , 施军琼 , 等 . 我国淡水水华蓝藻——束丝藻属新记录种 [J]. 水生生物学报 , 2009, 33(6): 1140–1144.

[8] 张毅鸽 , 王一郎 , 杨平 , 等 . 江西柘林湖水华蓝藻——长孢藻 (*Dolichospermum*) 的形态多样性及其分子特征 [J]. 湖泊科学 , 2020, 32(4): 1076–1087.

[9] Druar J C, Briand J R. First record of *Cylindrospermopsis raciborskii* (Woloszynska) Seenayya et Subba Raju (Cyanobacteria) in a lotie system inFrance[J]. Ann. Limnol. 2002, 38(4): 339–342.

[10] 张潇月 . 长江下游干流浮游植物多样性研究 [D]. 上海：上海师范大学 , 2018.

[11] 尤庆敏 . 中国淡水管壳缝目硅藻的分类学研究 [D]. 上海：华东师范大学 , 2009.

[12] 赵文 , 王珊 , 魏杰 , 等 . 北京市绿藻门盘星藻形态及分类研究 [J]. 大连海洋大学学报 , 2021, 36(3): 437–445.

[13] 刘建康 . 高级水生生物学 [M]. 科学出版社 , 1999.

[14] 沈韫芬，汪建国．原生动物学 [M]. 科学出版社，1999

[15] 王胜男，陈卫．浅析淡水浮游动物的种类组成及其生态功能作用 [J]. 生物学通报，2012，47 (10):10–13.

[16] Arora H. C. Rotifera as indicators of trophic nature of environment[J].Hydrobiologia,1966, 27(1):146–159.

[17] 王家楫．中国淡水轮虫志 [M]. 科学出版社，1961.

[18] 蒋燮治，堵南山．中国动物志，节肢动物门，甲壳纲，淡水枝角类 [M]. 科学出版社，1979.

[19] 中国科学院动物研究所甲壳动物研究组．中国动物志（淡水桡足类）[M]. 北京：科学出版社．1979.

[20] 河海大学《水利大辞典》修订委员会．水利大辞典 [M]. 上海：上海辞书出版社，2015.

[21] 宋关玲，王岩．北方富营养化水体生态修复技术 [M]. 北京：中国轻工业出版社，2015.